重塑青少年的大脑

Rewire Your Anxious Brain for Teens

[美] 德布拉·吉森 Debra Kissen
阿什莉·D. 肯德尔 Ashley D. Kendall
米歇尔·洛扎诺 Michelle Lozano
迈卡·约夫 Micah Ioffe ◇著

李新梅 ◇译

华夏出版社
HUAXIA PUBLISHING HOUSE

图书在版编目（CIP）数据

重塑青少年的大脑 /（美）德布拉·吉森等著；李新梅译 .-- 北京：华夏出版社有限公司，2023.1

书名原文：Rewire Your Anxious Brain for Teens: Using CBT, Neuroscience, and Mindfulness to Help You End Anxiety, Panic, and Worry

ISBN 978-7-5222-0405-5

Ⅰ.①重… Ⅱ.①德… ②李… Ⅲ.①焦虑－心理调节－青少年读物 Ⅳ.① B842.6-49

中国版本图书馆 CIP 数据核字（2022）第 159759 号

REWIRE YOUR ANXIOUS BRAIN FOR TEENS: USING CBT, NEUROSCIENCE, AND MINDFULNESS TO HELP YOU END ANXIETY, PANIC, AND WORRY BY DEBRA KISSEN, PHD, ASHLEY D. KENDALL, PHD, MICHELLE LOZANO, LMFT AND MICAH IOFFE, PHD

Copyright © 2020 BY DEBRA KISSEN, ASHLEY D. KENDALL, MICHELLE LOZANO, AND MICAH IOFFE

This edition arranged with NEW HARBINGER PUBLICATIONS through BIG APPLE AGENCY, LABUAN, MALAYSIA.

Simplified Chinese edition copyright © 2023 Huaxia Publishing House Co., Ltd.

All rights reserved.

版权所有，翻印必究。

北京市版权局著作权合同登记号：图字 01-2021-6850 号

重塑青少年的大脑

著　　者	［美］德布拉·吉森 等
译　　者	李新梅
策划编辑	王凤梅　卢莎莎
责任编辑	王凤梅　卢莎莎
责任印制	刘　洋
出版发行	华夏出版社有限公司
经　　销	新华书店
印　　刷	三河市少明印务有限公司
装　　订	三河市少明印务有限公司
版　　次	2023 年 1 月北京第 1 版　　2023 年 1 月北京第 1 次印刷
开　　本	710×1000　1/16 开
印　　张	13.75
字　　数	123 千字
定　　价	59.80 元

华夏出版社有限公司 　网址：www.hxph.com.cn　电话：（010）64663331（转）
　　　　　　　　　　　　 地址：北京市东直门外香河园北里 4 号　邮编：100028
若发现本版图书有印装质量问题，请与我社营销中心联系调换。

本书为想要战胜焦虑的青少年提供了绝佳的资源。它汇集了认知行为疗法、神经科学和正念疗法的精华，提供了有效的工具和实用的建议，形成了清晰、全面的操作手册。通过阅读本书并练习书中的行动方案，你将会重塑你的大脑！

——凯文·L. 焦尔科
心理学博士，北卡罗来纳州夏洛特焦虑和强迫症治疗中心主任
《处理焦虑的十个简单方法》一书的合著者

对于正在经历焦虑的青少年来说，本书堪称是汇集了各种有用工具的聚宝盆，并以有效和易懂的方式呈现给了读者。

本书对青少年来说特别有价值的是它的内容安排：通过一个个具体的练习来启发和鼓励读者掌握这些强大的工具，其中很多练习只需要几分钟而已。

这些工具能够帮助读者：

· 理解并善待焦虑的体验；

· 成为自己的"积极教练"；

· 练习正念和冥想；

· 培养韧性；

· 学会缓解情绪；

· 克服拖延症；

- 提高个人的专注力和不断努力实现目标的能力；
- 克服社交焦虑。

——尼尔·西德曼
自我帮助的倡导者
帮助人们从焦虑障碍中康复的国际知名教练和教师
美国焦虑与抑郁协会（ADAA）成员
ADAA公共教育委员会联合主席

本书提供了令人耳目一新的方法，帮助年轻人理解焦虑、学习如何管理焦虑。每章都会提供两个青少年的对比案例，使读者能够清楚地看到有技巧和无技巧应对焦虑的区别。作者没有采用说教的方式，而是以科学的、令人信服的论证吸引充满质疑精神的青少年。书中提供了众多实用且亲眼可见的练习，配合简单易懂的解释，说明了这些新的技能是如何影响大脑的。我学到了很多知识，真希望自己在十几岁的时候就学过这些知识。

——乔恩·赫什菲尔德
婚姻家庭治疗师，大巴尔的摩强迫症和焦虑症中心主任
《当一个家庭成员有强迫症时如何克服有伤害的强迫症》作者

当我阅读本书时，我会不自觉地想到自己的许多病人：谁可以从书中提供的练习和案例中受益？这些练习向年轻人展示了如何解除他们的消极情绪和无益的自我评判，提供了与此对应的替代方

案，以指导青少年走上乐观的、自我引领的旅程：通过真正重塑焦虑的大脑来管理令人不安的焦虑情绪。大多数青少年会在案例中看到自己的影子，并会对焦虑有更真切的理解。他们还将看到，通过做这些练习，他们将最终获得更强的自信心。

——朱迪斯·T. 戴维斯博士

绩效发展协会总裁

私人执业的临床心理学家

阅读本书能令人感觉心情愉悦。作者付出了巨大的努力，用非常贴近读者的语言解释了大脑与焦虑之间的关系。贯穿全书的练习为读者应用书中探讨的行动方案提供了实际操作的机会。我强烈推荐这本书。

——布莱恩·J. 施茅斯博士

大芝加哥地区焦虑症治疗中心临床心理学家

能帮助青少年减轻压力、减少忧虑和焦虑的有用信息和资源有很多，本书得以脱颖而出在于它认识到：存在于你大脑中的习惯性焦虑是在想办法保护你，它并不是你的个性或你本身的缺陷。本书另一个突出的特点是：它创造了十种简单又具体的方法来重塑你的大脑，就像你可以使用特定的练习来重塑你的腹肌一样。如果你正在寻找一本指南，希望通过认知行为疗法指引你踏上减少焦虑之路，那么这本书正适合你！

——大卫·卡博奈尔博士
《惊恐发作操作手册》《焦虑的把戏》
《飞行恐惧症操作手册》《智胜你焦虑的大脑》作者

研究人员对人类大脑产生的焦虑障碍的认知远超对其他精神障碍的认知，这对于患有焦虑障碍的青少年来说应该是最好的消息。但问题是，一般患有焦虑障碍的青少年是否明白：他们需要改变大脑的运作过程才能克服焦虑障碍？这本书的作者们与焦虑的青少年们在一起合作的累积时长超过一百年，他们在此基础上共同编写了这本精彩的书：它不仅用青少年能理解的语言解释了焦虑的大脑是怎么回事，还提供了各种练习和行动方案，为青少年重塑大脑以控制焦虑提供了所需要的资源。这本书通过清晰的案例和解释来吸引读者沉浸其中，促使其身体力行，让他们为参与主导自己生活的过程做好准备。对于那些希望摆脱焦虑的青少年以及帮助他们的治疗师来说，本书将使他们梦想成真。它将改变数百万人的生活。

——凯瑟琳·M. 皮特曼博士
心理健康服务提供者
《重塑你焦虑的大脑》合著者
印第安纳州圣母大学圣玛丽学院心理学系教授

是时候

重新训练你的

焦虑的大脑了!

让我们面对现实吧——焦虑很糟糕!

当你感到焦虑或恐慌时,

感觉就像整个世界都在你周围崩溃。

你的心开始狂跳,思绪纷乱,

似乎可怕的事情即将发生。

那么,怎样才能让它停下来呢?

好消息是你可以做一些练习来

"训练"你的大脑保持冷静,

这样你就可以回到你喜欢的事情上。

这本使用方便的书将成为你的心理健身房!

借助强大的神经科学,这本入门指南提供了十个可靠的方法,

可用以重塑你的焦虑的大脑。

你将了解是什么助长了你的焦虑,以及如何削弱你的焦虑。

你还会获得有指导的冥想以克服当下的担忧;

帮助你平衡情绪的策略;

以及处理不确定性、完美主义和拖延症的技巧。

最重要的是，你会发现

你比你的焦虑更强大，

你可以控制恐惧，并过上美好的生活！

"对于想要战胜焦虑的青少年来说，这本书是一个绝佳的资源……

通过阅读本书并练习书中的行动方案，

你将会重塑你的大脑！"

——凯文·L.焦尔科，心理学博士，

《处理焦虑的十个简单方法》合著者

致读者的信

我们很高兴你正在阅读本书。你可能想要克服自己的焦虑，又或者正想办法支持你所爱的人。

当你参与我们书中的重塑大脑训练计划时，你将会获得你所需要的帮助。

作为本书的共同作者，我们是四位治疗焦虑的专家。我们一起在"焦虑之光治疗中心"工作，为儿童、青少年和成年人提供针对焦虑和相关障碍的治疗。我们所使用的治疗方案都基于数据和研究的支持。我们帮助过很多像你这样想要摆脱焦虑、回归正常生活的青少年。我们了解这些技能，它们可以帮助你利用自身的力量重塑大脑，使你成为一个不那么焦虑的、更放松的人。我们努力使帮助你克服焦虑的过程高效、效果显著，并且——信不信由你——我们也尽可能使这个过程变得有趣。

当看到无数青少年成功摆脱焦虑、重新振作时，我们深受鼓舞，想将我们的治疗模式和理念进行"巡回演出"！我们希望惠及更多想要重塑大脑、减少焦虑和痛苦的青少年。我们的小想法慢慢变得越来越大，很快就变成了你现在手里拿着的这本书。

我们不仅是焦虑治疗专家，也是面对自己的恐惧、不安和挑战时大家的同路者。通过实践我们在本书中与你分享的理念，我们重塑了自己的大脑。每天，我们都持续训练我们的大脑去识别焦虑，哪怕只是一场虚惊。持续练习是取得进步的最好方式，可以一步一个脚印地去寻求生命所能提供的一切。我们将会教你怎么做！

这个挑战对我们来说并不容易，对你来说也不会容易，但这个旅程将是强大的，它能给你带来根本性的转变。很快，你就会过上令你感到更加平静和满足的生活。

我们很荣幸与你一起踏上重塑大脑、快速摆脱焦虑的旅程。是时候开始了！你的生活在召唤你！

致以崇高的敬意和支持！

你的重塑大脑训练师们：
德布拉·吉森博士
阿什莉·D.肯德尔博士
迈卡·约夫博士
米歇尔·洛扎诺，婚姻家庭治疗师

前　　言

你可能认为，有些人天生就很冷静，而有些人终其一生都在与焦虑抗争。但幸运的是，对你（和我们）来说，这不是真的。所有精神状态都可以通过有针对性的心理训练得到加强。你现在手里拿的这本书不仅仅是一本自助书，而且是一个训练计划，你可以使用它来重塑你的大脑以体验更多的平静，减少在"焦虑模式"中生活的频率。

即使是有运动天赋的人，也必须通过训练才能达到最佳竞技水平，你的头脑同样如此。如果你想要感到冷静、平静和镇定，就必须通过我们将与你一起探讨的大脑训练和练习，来寻找和保持积极的心理状态。通过这些练习，你将重塑你的大脑以减少焦虑，更好地过有意义的生活。

欢迎来到你的"大脑健身房"

任何训练计划要想取得成功，都必须是好操作并且易于完成的。这就是为什么我们开发了这个简单易用的程序作为你的"大脑健身房"。它包括重塑你的大脑所需要的十大基础技能，可以帮助你减少焦虑体验。

当你抽出时间阅读本书时，你很可能只是看到"焦虑"这个词就会感到乌云笼罩。然而，当过度焦虑的大脑处于挣扎状态之时，我们带来了一个好消息。我们很高兴地告诉你，焦虑是最可被医治的一种心理疾病。

本书中的练习来源于认知行为疗法（Cognitive Behavioral Therapy，CBT）中针对焦虑障碍的治疗方案。认知行为疗法能帮助你学习应对策略，战胜令你焦虑的想法、感受和行为，它已被证明可有效缓解焦虑症状并带来持久的改变。当你学习的时候，你正在重塑和加强你大脑中的新连接。

本书的每一章都会帮助你重塑你的大脑：

· 识别和摆脱焦虑的误报，并意识到你实际上是安全稳妥的；

· 成为更能支持、鼓励你自己的教练，而不是自我批评者；

· 度过令人沮丧和失望的时刻；

· 更灵活地度过人生；

· 更专注于当下；

· 更有效地管理剧烈的、崩溃的情绪；

· 减少拖延和回避；

· 体验更强的自信；

· 定制你自己的重塑大脑计划，针对你的个人成长目标构建最适合你的特定练习。

本书将通过多种方式与你分享信息。每章会都为你提供两个青少年的对比案例，他们都经历着类似的焦虑状况。我们会介绍其中一个焦虑的青少年如何处理他的状况，另一个青少年如何以更灵活、更平衡的心态突破困境。接下来，你会获得一个关于神经科学的迷你课程，描述被焦虑激活的大脑区域——我们将针对这些区域进行重塑的工作，以使你享受更多平静、平和的生活时刻。之后是我们为大脑重塑方案提供的"秘制酱料"：有针对性的练习和活动将训练你的大脑更有效地运作。每一章都以"关键要点"结束，你可以计划如何将你已经学到的重要内容融入生活中。

在开始之前，我们建议你收集一些物品，选择一个活动空间，安排出专门的时间进行这项大脑训练。这样的计划细节可能是成功的关键，就像你努力实现健身目标一样。如果你认为去健身房是你优先要做的事情，却还没有报名成为会员或制订健身计划，你就不太可能成功实现这些目标。

大脑重塑训练日记

为了充分利用本书提供的练习，我们建议你专门准备一个日记本或笔记本，记录你的大脑重塑训练日记。当需要你使用日记本的时候，你会看到 ▨ 图标。你书面记录的你做每一个练习时的体验都可以作为你日后的提示,帮助你在焦虑的时刻摆脱困境。

一些青少年不愿使用笔和纸记录他们的训练状况。如果你就是这样想的,我们建议你使用手机便笺或在你的电脑上创建文档,以便记录你的日记。你可以使用任何最适合你的方式,最重要的是你自己要清楚:哪种方式会让你最容易坚持完成本书中的练习并跟踪你的进度?在安静的地方做这些练习也很重要,这样,你就可以不被打扰地完成练习。

贯穿全书,你还会看到图标💻,它表示你可以从 http://www.newharbinger.com/43768 下载工作表,使用这些工作表,你可以自己完成推荐的练习。

最后,图标☞指向思考题。思考题不需要你使用你的大脑重塑日记,也不需要你写出答案,只是突出强调了需要你深思熟虑的内容。

认识你的大脑:一些基础知识

你不需要成为神经科医生、脑外科医生或任何其他类型的大脑专家,但一些简单的大脑基础知识有助于你进一步了解如何更有效地利用这个复杂的人类神经系统的指挥中心——你神奇的、强大的、有时过度紧张的大脑。

你首先需要了解的关键点，是有多少相互依赖的细胞聚集在一起创造了这个强大的器官。你的大脑由数千亿个神经元（或神经细胞）组成，每一个神经元都有能力连接到其他一万个神经元。可以把大脑想象成一条宽阔的高速公路——所有神经元通过无休止的连接，以闪电般的速度传递信息。为了实现这一切，我们需要硬件打造这条信息高速公路。

你的大脑硬件主要由前额叶皮层、杏仁体和海马体构成。在这些硬件中，众多相互连接的神经元构成大脑的软件，组成了大脑的网络线路。神经元通过发送化学信号将彼此连接在一起。一些连接比其他的连接更强，一些神经元比其他的神经元有更多的连接。这些连接（或接线）使信息在你大脑的硬件之间交流，让你可以丰富地体验你身边的世界。你可以感受你所感，思考你所想，并根据你的目标和兴趣采取行动。

你要知道的第二个关键事实是，你拥有重塑大脑以使其更有效运作的能力。无论学习和经历了什么事情——去朋友家时找到一条捷径，学会怎么踢足球，认识到你不喜欢泡菜——你大脑中的神经元都会在它们之间建立新的连接。你的大脑随着时间的推移而不断适应和改变的能力被称为神经可塑性。每当你想到一个想法或开始一种行为时，你都在改变你大脑中神经元之间的连接。随着你采取每一个行动，你都在重塑你的大脑，使其在一些区域体验更强的连接，在另一些区域体验较弱的连接。你越频繁地思考、以特定的模式行事，你就越有可能在将来也用同样的方式思考和行事。这是因为通过重复，你正在加强与和这些特定想法和行为相关的神经元之间的连接。

通过不断以新的有效的方法来思考和行事，从而在神经元之间建立新的连接并重塑你的大脑，你可以最终实现缓解焦虑的目标。贯穿全书，我们将与你一起研究、思考这些新方法。改变可能会很困难，走老路会更容易，感觉更舒服。这有点像土路上的一个坑。每次你开车经过那条路时，坑就会变得更深、更明显。你当然可以走不同的道路，不过走熟悉的路线会更容易。尽管寻找一条新路需要付出额外的努力，但很快这条新路也将变成老路，最终它会像其他熟悉的路一样很容易走了。重塑大脑使它变得不那么焦虑也是如此。通过加强神经通路与平静、平和的状态之间的连接，你的大脑更有可能沿着这些道路前进。

你的大脑硬件

我们简单介绍一下大脑的三个关键区域，看看它们是如何相互作用进而产生焦虑体验的。

杏仁体：这是你的"情绪大脑"。杏仁体是情感区，体验如爱、愤怒尤其是恐惧的感觉。你的杏仁体会快速确定你对一件事物的感觉，远在你的理性大脑对事物进行完整的评估之前。它决定你是应该靠近还是回避某种情境，或者感觉这件事对你是好还是坏。它优先考虑的是生存而不是生活品质，它所形成的情感记忆常常存在于无意识中。你可能不明白为什么你会感到害怕，但在那一刻，有什么东西抓住了杏仁体的注意力。杏仁体通过经验来学习——它不使用逻辑得出感受上的结论。就像你的贴身保镖一样，它时刻保持高度警惕，注意潜在的危险，更倾向于设想某些事情会给你带来伤害而不是快乐。它不断察看新传入的数据，当它检测到任何潜在的威胁时，就会向你的大脑发出警报信号，让大脑为危险做好准备。你不会从杏仁体那里只是听到"小心！"这样一个简单的警报，而是全身上下都感觉到危险。你可以想象成不仅听到火警的尖叫声，还看到红色警报铃在摇晃，感受到铃声带给你的颤动，甚至可能闻到有什么东西在燃烧，你的感官被危险的信息淹没。在潜在的危险面前，你的大脑会把你冷静的思维大脑扔到一边，而让杏仁体掌管局势，以保护你远离伤害。

你的杏仁体带有一些预先设定好的恐惧，例如对大型动物、高度、尖锐物体、陌生面孔的恐惧等，这些恐惧在保护你、使你更好地生存方面是有利的。它还会根据你的特定经验决定采取接近或回避的行为。例如，如果你被狗咬了，你的杏仁体会记住这个经历并提醒你将来避免类似情境。接下来，当你遇到或可能遇到另一条狗时，你的杏仁体就会通过发出危险警报来保护你。

你的杏仁体强大而勤奋，但它缺乏对细节的关注。它不会问"这是一条平静的狗还是一条疯狗？"或者"它的主人训练过它和人友好相处吗？"这类问题；相反，它的反应更像人猿泰山那般，即"狗危险……最好离狗远一点儿"。它只记得被狗袭击后带来的相关痛苦，并将继续向你发出信号，让你远离任何类似狗的生物，直到它通过积极体验学习到其他方式。你的杏仁体对恐惧的快速反应会给你带来很多不必要的焦虑，并阻碍你体验生活中更愉快的方面。

当你的杏仁体认为某件事是威胁时，它会敦促你通过战斗（保护自己）、逃走（快跑）或者静止不动（隐藏且不引起注意）等模式做出迅速反应。但是当你实际上处于安全之地，而你的杏仁体错误地认为你处于危险之中，从而使你处于这些模式之一时，你就会感觉特别不舒服。在这些情况下，如果能够轻松地访问更合乎逻辑、更理性的大脑部分，以平息过于操心的杏仁体所引发的警报，那将会是非常有帮助的。所以，事不宜迟，现在该向你介绍前额叶皮层了。

前额叶皮层：这是你的"思维大脑"，它使用逻辑并能理性地思考各种挑战和可能出现的状况。前额叶皮层基本上是你的计划者、组织者、决策者、预测者和翻译者。它对输入的感觉（你看到、听到、闻到、尝到、摸到的）和存储的记忆进行分类，以便决定如何处理。前额叶皮层使用这些信息为情境附加一定的意义，并将它们存储为记忆，这有助于你轻松识别、解释和回应人、地点和事物。

你的前额叶皮层不仅可以帮助你应对当前情况，还能够回顾你以前学到的，并预见未来的情况，以最大限度地提高成功生活的可能性。但有时，它预测未来各种可能性的能力会带给你伤害而非帮助，并让你的杏仁体感觉被无尽的可能性和挑战淹没。你的前额叶皮层和你的杏仁体有双向关系：你的前额叶皮层影响你的杏仁体，你的杏仁体也会影响你的前额叶皮层。

好消息是你可以通过练习新的思维方式来重塑你的前额叶皮层，从而更快且有效地冷静下来。你也可以通过教你的杏仁体如何在面临威胁时冷静下来，重塑你的杏仁体，这将有助于你的前额叶皮层更清晰地思考。

海马体：这是你的"记忆存储和检索大脑"。它创建和存储短期记忆和长期记忆，如物品放置的位置、与不同人相关的场景。它尤其会记住你在生活中情绪激动的时刻，包括积极的和消极的情绪体验，以及那些封存在记忆中的情感。你的海马体不断地与你过于热心的杏仁体分享信息，努力使你学到的经验教训最大化。但正如你刚刚读到过的，你的杏仁体会用一种过度概括过去的负面经验的方式保护你免受未来的痛苦和折磨。例如，你的海马体可能会向你的杏仁体发出这样的信息："别忘了，上次你想和一位新朋友做计划，他/她却拒绝了你！"你的杏仁体回应说："是的，我铭记在心！我再也不想感受到那种可怕的羞耻感和被拒绝感了。我们以后需要避免承受所有这些社交风险。"

如你所见，你的大脑非常复杂，不同的部分执行不同的关键功能，但都在最大程度上为你的生存效力。你大脑的某些区域更原始，类似于其他哺乳动物的大脑；有些区域获得了更多的进化，使你可以计划、预测和反思你的经历，这是只有人类才能做到的；更加进化的大脑区域使你能够进行复杂的思考，并拥有像语言这样独特的能力。这些高级的思维和计划能力在生存方面超级给力，使人类超越时代的变迁；而更强大、跑得更快、更凶猛的动物却灭绝了。拥有这样一个超强大脑的不利之处是它没有用户手册，如果没有一些指导和支持，它很难操作。本书旨在提供这方面的训练和帮助。

是什么促使你来做这个困难的工作？

就像购买了健身房会员资格却没有动力离开沙发去锻炼一样，只是看看书里的练习对你的帮助不大。通过行动、努力和投入，你将会看到自己的进步,你的焦虑就会越来越少。那么我们来看看为什么你有必要从忙碌的生活中抽出时间来参加这个培训项目。

练习1:如果没有焦虑,你会是什么样子?

有助于提醒自己为什么要花时间做这个训练。当你做练习变得困难时,当你努力想寻找动力去进行重塑大脑的训练时,这个部分的内容会很重要。

所需时间:5—10分钟不间断的时间。

在你的日记里写下这些问题的答案:

- 如果我们挥动一根魔杖,数到三……噗……你不必再与焦虑作斗争,你的生活看起来会有什么不同?
- 此时此刻,你会做什么(除了阅读本书)?

- 你会参加什么活动？
- 你会与谁交谈、共度时光？
- 你的焦虑困扰使你错失了什么？

以下是一名青少年如何完成这项练习的：

如果我有一根魔杖可以让焦虑消失，我脑子里首先想到的是我会更舒服地待在自己的身体里。如果我不总是那么焦虑，我会和学校里更多的人交谈。我会和朋友们共进午餐，而不是找借口去图书馆。我会在课堂上表现得更积极，甚至可能报名参加我感兴趣的课程，即使我可能需要做演讲展示。我会申请那些我可以接触到更多平面设计的工作，而不是在比萨店工作。我会花更多时间做一些可能让我快乐的事情，而不是将时间花在不停地琢磨各种选项上，以确定做什么才不会让不可能带给我焦虑。也许，只是也许，我会感到一丝平静——我现在越来越贪心了，如果还有一丝快乐和愉悦就更好了。

这个练习如何重塑你的大脑？

你的大脑需要鼓励和温柔的提醒，当你进行重塑大脑的训练时要忍受一些不适，而不是选择更容易、更熟悉的回避、退缩的方式，这一点是非常重要的。当你进行训练时，你的大脑可能会提出抗议。在这样的时刻，你可以回顾这个练习来提醒自己你的目标和愿望，并帮助你想象：一旦你摆脱了与焦虑的斗争，你的生活将会是什么样的。在这样做的时候，你就是在重塑你的前额叶皮层，使它能清晰、精准地指导你的杏仁体克服并越过抵抗。

目录 contents

第一章	摆脱焦虑	1
第二章	停止自责	23
第三章	活在当下	45
第四章	摆脱痛苦	59
第五章	培养韧性	71
第六章	转变视角	91
第七章	缓解情绪	111
第八章	"该做就做"	129
第九章	建立自信	163
第十章	巩固成果	177

参考书目　　　　　　　　　　　191

第一章

摆脱焦虑

当吉莉安和萨曼莎一起坐火车时,她们突然听到了一阵骚动,两名同车厢的乘客争吵起来。他们的争吵不断升级,很快就大喊大叫并动起手来。其中一个人把手伸进口袋里,有那么一瞬间,他看起来就像要拔出武器一样。吉莉安、萨曼莎和其他乘客都纷纷钻到座位底下。吉莉安感到心怦怦直跳,浑身开始冒汗,头晕目眩的,胃难受得直想呕吐。她的思绪飞奔,满脑子想的都是形势会不断恶化升级,她会被流弹击中。萨曼莎同样感到害怕。她浑身颤抖,呼吸困难,心怦怦直跳。她感觉自己僵在原地,同时又迫切地想要逃离火车。幸好警察很快赶到并逮捕了两名闹事者,接下来的一天平安无事。

萨曼莎和吉莉安都试图把火车上发生的可怕事件抛在脑后,继续她们的生活。萨曼莎偶尔会想到她当时有多害怕,所有焦虑的想法和感受就会立刻重现。萨曼莎允许自己有这些不舒服的感觉,她凭直觉相信,只要她直面焦虑感,它最终就会过去。

吉莉安偶尔也会产生焦虑感。尽管她知道自己最初的恐惧感是由那场冲突引起的,但不明白为什么自己现在仍然会为此感到焦虑,浑身难受。她会一直回想当时的冲突现场有多么失控和可怕,拼命想要自己不再感受那种恐惧。吉莉安开始让父母开车接送她,这样她就可以避免乘坐火车;同时,她开始避开人多的地方。她做了一切能想到的事情以帮助自己减少恐惧感,但她仍感到受困和绝望，似乎她越努力想办法让自己感到安全、消除生活中的焦虑，她就变得越焦虑。

这个故事说明了什么？吉莉安和萨曼莎都同样经历了可怕的事件，但吉莉安把自己的焦虑看作危险的来源，需要尽一切可能去回避；萨曼莎则把她的焦虑看作虽然不舒服却是疗愈过程中必要的部分。吉利安以害怕来回应自己的焦虑，这就导致她会产生更多想要逃避的感觉，从而被困在一个不断扩大的焦虑和恐惧的罗网中。

☞ 吉莉安减轻恐惧和焦虑感的努力有多大效果？
☞ 吉莉安试图回避引发焦虑的情境并经常检查是否有危险，这些行为并没有帮助她感到更安全和减少焦虑，你觉得为什么会这样？
☞ 你目前在做什么以减少你的焦虑感？
☞ 什么方法有助于降低你的焦虑水平？
☞ 你能想出你在做的哪些行为，其本意是想减少焦虑，结果反而增加了你的整体焦虑感？

为焦虑而感到焦虑会进一步增加焦虑

我们来进一步看看吉莉安的经历。吉莉安越努力地想要避免焦虑，她的焦虑似乎就越严重。这是因为回避会助长焦虑。每次你为了不焦虑而选择放弃参与你生活中原本会享受的事情时，你就像在给你的焦虑灌注超量的、富含蛋白质的、增强肌肉的奶昔。每次你退缩而不是前进的时候，你的大脑就得出结论："哇，那肯定是超级危险的，幸好我们没去那个派对，没参加那个考试，没和那个人约会，没去那次旅行。"当你靠回避来减少焦虑时，你的大脑会错过学习区分什么是真正的威胁、什么是安全的机会。

这只是一场虚惊

你有没有不小心触发过烟雾警报器？也许你正在用微波炉加热爆米花，突然，微波炉冒出浓烟，触发了警报。幸亏有警报器，如果真的发生火灾，你可以迅速逃离现场并确保自己安全。但当你正在给自己做放学后的小吃时，你的放松时刻被讨厌的警报声打断了，这时，烟雾警报器就很烦人而不是助人了。这很像你的杏仁体误判危险并拉响了对焦虑的全面警报。

假设你正坐在课堂上听老师讲课，却莫名其妙地开始感到焦虑，这可能是因为有个东西抓住了你的杏仁体的注意力，并被它解释为一种危险：也许坐在你附近的人身上的香水味道唤起了你关于过去痛苦时光的记忆，也许你的杏仁体认为房间后面角落中的阴影隐藏着危险。有无数信号可能会触发你的杏仁体的危险检测系统。在大多数情况下,很难确切知道你的杏仁体会对什么做出反应。好消息是,你不需要知道到底是什么激发了你的杏仁体,也可以让它平静下来。你可以使用你的前额叶皮层训练你的杏仁体,平静而温和地告诉它没有危险、一切正常,你就可以略过这些误报。一些相关的练习将会对你有所帮助。

当你觉得被拒绝或者感到失败的时候,你可能也会感到有危险。面对拒绝和失败尽管是困难的,但其实并不是危险的;它们是生活中重要的成长经历,是不应该回避的。通过直面而不是逃避这些人生经历,你在教你的大脑如何去应对它们,从而减少将来面对它们时的痛苦。

在生存处于真实的危险中时,杏仁体会帮助你选择战斗、逃跑还是静止不动的行为。当我们的穴居祖先受到狮子攻击而有生命之虞时,他们需要通过杏仁体来采取行动。他们可以选择攻击(战斗)、快跑(逃跑)或藏起来不动以期不引起对方注意(静止不动)。所有压力源在杏仁体看来都像一头进攻的狮子。杏仁体实际上可以成为你用以管理日常压力源的强大工具,例如帮助你应对在学校、工作和社交生活中的挑战。此外,你还幸运地拥有非常好用的前额叶皮层,它最爱干的工作就是帮助你识别是真有危险还是误报!

练习 2：真实的危险还是误报？

有助于重塑你的大脑，使其更好地区分真实的危险和误报。

所需时间：A 部分和 B 部分需要 15—20 分钟，C 部分需要在一周内完成。

A 部分：确定每种情况是真实的危险还是误报。

- 你在参加一个重要的考试，开始感到身体发热、脸红，难以集中注意力。
- 你在高速公路上开车，你注意到自己的心跳加速，你的手有刺痛的感觉。
- 你家着火了。
- 一头狮子向你扑来。
- 你和朋友一起参加聚会，你觉得自己很古怪，感觉要失控了。

- 你差点踩到一条响尾蛇。
- 你在爬一段楼梯时感到呼吸困难、胸口紧绷。
- 你将要做课堂演示，而你的大脑一片空白。

B 部分：在你的日记本中回答这些问题，或从 http://www.newharbinger.com/43768 下载工作表。

- 想一个靠焦虑来保护你脱离真实危险的例子。
- 想一个焦虑是虚惊一场而你实际上并没有受到伤害的例子。
- 在这两个经历中，你的想法、感受和感觉有什么相似之处？
- 在这两个经历中，你的想法、感受和感觉有什么不同之处？

C 部分：在接下来的一周里，记录下你的焦虑感不断增加的所有时刻。你可以使用日记本，也可以从 http://www.newharbinger.com/43768 下载工作表，从中你可以看到供你参考的样本。

写下日期、时间和你所处情境的一些细节。然后，环顾你所处的环境并问自己：我是处于真实的危险中，还是说仅是一场虚惊？最后写下一个你可以训练自己解除误报的想法。

这个练习如何重塑你的大脑？

研究表明，通过反复练习来不断地提醒你焦虑的大脑，你是处于误报而非真实的危险中——并为此贴上这样的标签——你可以重新连接你的前额叶皮层，从而覆盖杏仁体发出的不准确的威胁信号。通过这个练习，你可以训练你的大脑在分辨垃圾邮件（误报）和优先邮件（真正的威胁）时的准确性和速度。

☞ 在1到10的范围内，评估你继续学习重塑大脑从而更好地区分误报和真实危险的优先级。

焦虑是你最大的保护者

我们假设你目前不是"我爱焦虑"粉丝俱乐部的成员。更有可能的是,你将焦虑视为你的大敌,它的主要目标是阻止你享受平静、愉悦和幸福。但真相是焦虑实际上是你的队友,它试图保护你免受危险。它只想让你一天天活下去,过上长寿、富足的生活。

当我们向与我们合作的青少年介绍这个想法时,他们经常觉得难以置信,并说"如果焦虑是我的朋友,谁还能算是我的敌人?"这样的话。他们想知道什么可以帮助他们应对呼吸困难、心跳加速、同时感到又冷又热、难以集中注意力进行清晰思考等状况。回答这些问题的最佳方式是简要概述一下焦虑中的身体状况。

焦虑中的身体

为了让你有可能跑过狮子或逃离燃烧的建筑物,你的身体需要调动所有可用的资源,聚集所有能量增加呼吸频率、心率和血压。如果你处在一个真正紧急的状况,你甚至不会意识到你的身体在高度焦虑下的感觉,因为你在忙于奔命。

但是如果你的杏仁体处于误报模式,而你的前额叶皮层没有外部威胁来吸引它的注意力,你的前额叶皮层就会使用它的高级思维和分析能力来确定为什么你会感觉如此糟糕。通常,你的前额叶皮层得出的结论是"我一定是出了什么问题",以便去理解你的身体里一系列不舒服的感觉。

教你的前额叶皮层了解不同焦虑感的生物学起源会很有帮助，这样，当你经历杏仁体强大而令人困惑的误报时，它就可以得出一个新的、明智的结论。如果没有这些知识，你的前额叶皮层将继续得出结论，即令人不舒服的焦虑感表明某些事情实际上是错误的，然后你的杏仁体就会对此做出反应，让你持续感到焦虑，以帮助你度过这一新威胁。你就会陷入一轮又一轮的焦虑循环中！

对常见焦虑感的生物学解释

感觉：头晕目眩，与现实有脱节感。

这些感觉是由过度呼吸引起的。当面对一个想象中的威胁时，身体需要吸入过量的氧气来激发肌肉力量以逃离危险。

感觉：手脚冰凉，有刺痛的感觉。

你的手脚可能会感到刺痛和发冷，这是由于血流正从你的手和脚转移到了胳膊和腿这些对逃生更关键的部位。

感觉：视力变模糊了。

你的瞳孔可能会扩大，以便更好地感知危险。这可以使你的视力对视线中的刺激更加敏感。

感觉：头昏眼花或难以集中注意力。

出现这些感觉，是由于流向头部的血液减少，血液更多地流向四肢的肌肉，以帮助逃生。

感觉：出汗增多。

出汗可以使你的身体冷却，不至于过热。额外的好处是，出汗会让你身体很滑，使愤怒的捕食者很难抓住你。

感觉：胃部不舒服。

你可能会感到恶心或出现胃部不舒服的其他症状，这是由于血液从消化系统流到了身体其他部位。毕竟，当你马上要成为别人的腹中餐时，你哪里还有时间消化自己的大餐！

感觉：呼吸困难。

为了满血投入战斗，你的身体需要吸入额外的氧气（换气过度）。吸入大量氧气、呼出大量二氧化碳会令你产生窒息感。

感觉：心跳加速。

当你面对危险时，你的心脏跳动得更快才能为你的重要器官提供更多的含氧血液，从而为你的战斗加油。

感觉：身体发抖。

为了帮助你逃离危险，你的身体会释放肾上腺激素（也称为肾上腺素）。肾上腺素将血液引到肌肉，为你的生存之战提供动力。流向肌肉的血流量的增加可能会让你身体发抖。

练习 3：焦虑中的身体

有助于重塑你的大脑，以减少对焦虑感的焦虑反应。

所需时间：15—20 分钟。

你可以使用日记本，或从 http://www.newharbinger.com/43768 下载工作表（和一个完成的样本）。

首先，记下你最常经历的焦虑感。

接下来，写下你告诉自己的不同解释，说明你为什么正在产生这些奇怪的、不舒服的感觉，例如**我要疯了**、**我要死了**、**我有毛病**。最后，写出你从生物学角度对这些感觉的新理解。

这个练习如何重塑你的大脑？

这个练习有助于重新连接你的前额叶皮层。当你的杏仁体产生误报，而实际上你安然无恙时，你的前额叶皮层可以更快地加以识别。你的前额叶皮层将不再相信你处于危险之中，而是担任冷静和称职的教练，帮助你的杏仁体安定下来，并关闭危险信号。

此外，通过告诉你的前额叶皮层当你的身体处于焦虑状态时的事情真相，你正在建立一条神经通路，可以更高效地传达对焦虑感的逻辑解释，而不是依赖你的杏仁体的悲观消极的预测。

☞ 在 1 到 10 的范围内，评估你继续学习并重新连接你的前额叶皮层，以免在你的杏仁体处于误报模式时惊慌失措和陷入一系列焦虑不安的感受中的优先级。

焦虑但功能正常？

与我们合作的青少年经常和我们分享他们因为太焦虑而"做不到"的那些事。例如，一个女孩说，当她感到焦虑袭来时，她不得不离开教室。我们接下来询问他们是由于焦虑而不得不离开,还是他们选择了离开。通常他们会告诉我们,如果他们不逃跑,一些灾难性后果就会发生。

这些常见的恐惧与以下焦虑体验有关:

· 我会死掉;

· 我会疯掉;

· 我会晕倒;

· 我会说出没有意义的蠢话;

· 我会说不出话来;

· 我会尖叫、失控或失态;

· 我的大脑会一片空白。

但正如我们已经讨论过的,焦虑是一位想帮助你生存的队友。如果焦虑让你死掉、让你发疯、让你昏倒或让你失去控制,它的表现就太糟糕了。焦虑可能是个好斗、杞人忧天的家伙,但它并不愚蠢。

挑战你对焦虑的焦虑

你的前额叶皮层也许现在理解了,在事实上没有真正威胁的情况下,焦虑是一种自然的、强大的、让人感到非常不舒服的状态,但是你的杏仁体对这个事实并不那么确信。你的前额叶皮层可以通过抽象推理来重新连接，但你的杏仁体必须通过体验来学习。如果你一直在与焦虑抗争，那么很可能在训练的这个阶段，你开始理智地与焦虑建立新的关系了。

但是你的杏仁体仍将其视为需要不惜一切代价回避或抗争的敌人。除非我们能教会你的杏仁体放弃它与焦虑的抗争，否则你将继续陷在焦虑循环中：焦虑→对焦虑的焦虑→更多的焦虑。

你将进行的下一个用于重塑大脑的练习将训练你的杏仁体习惯于你的焦虑感。我们会训练你如何刻意引起焦虑的感觉，然后练习如何和这些感觉一起"玩耍"。是的，你没看错。我们将训练你如何应对焦虑，并且训练你的杏仁体在焦虑感浮出水面时变得更强大和无所畏惧（你正在经历一场虚惊）。你将离摆脱焦虑更近一大步。

练习 4：与焦虑相处

有助于重塑你的大脑，使其习惯于焦虑的感觉，而不是与它们抗争或逃避它们。

所需时间：每天连续20—30分钟。

此练习需要至少重复一周，或直到你感到厌倦，不再对焦虑感产生基于恐惧的反应。为了使你更轻松地从本练习中获益，你可以从 http://www.newharbinger.com/43768 下载表格并将其粘贴到你的日记本上。

A 部分： 先查看左侧栏中的焦虑感列表。如果你可以去掉那些最困扰你的焦虑感，你会选择哪三个？

圈出三种你觉得最难以忍受的焦虑感。按照说明进行所有推荐的不同练习，这些练习有助于产生与你最不喜欢的那些焦虑感类似的感觉。我们建议你每个练习用一分钟时间，或练到你的大脑对它感到厌烦，或练到你不再感到焦虑。

注意： 虽然这些练习没有任何危险，但那些一直与焦虑抗争的人可能会害怕尝试它们。如果你感到犹豫，建议你请朋友或家人和你一起唤醒这些感觉。你也许不知道的是——他们可能也在焦虑中挣扎，因此同样会从这些练习中受益。

焦虑的感觉	用以产生类似感觉的练习
头昏或难以专注	过度换气一分钟（大声而急促地呼吸，就像你家里那只喘着粗气的狗狗那样），每分钟大约呼吸 45 次 将头放在双腿之间 1 分钟，然后迅速坐起
感觉怪怪的且局促不安	仰望天空，想想太阳系，再想想自己是多么渺小 凝视天空，想象自己站在围绕太阳旋转的地球上的情景 站在黑暗的房间里，蒙上眼睛，戴上降噪耳机，持续 5 分钟 自言自语：我是谁？我是谁？如此一遍又一遍地持续 5 分钟
视觉扭曲	在镜子里凝视你的眼睛 1 分钟 盯着墙上的一个地方看 1 分钟 在室内戴上墨镜，睁开眼睛，快速转圈 1 分钟 盯着一个灯泡看 1 分钟，然后试着阅读
呼吸困难	捏住鼻子，用一根细的吸管呼吸 1 分钟
窒息的感觉	双手紧紧掐住脖子 穿紧身高领毛衣 在壁橱等狭小的空间里待 1 分钟
心率加快或胸闷	喝咖啡或其他含咖啡因的饮料 上下楼梯跑 5 分钟 做 5 分钟中等强度的心血管锻炼

续上表

焦虑的感觉	用以产生类似感觉的练习
胃部不适	思考或记录一些令人不安的事情或想法，持续 5 分钟 饭后做 20 次跳跃
手脚冰凉，有刺痛的感觉	过度换气 1 分钟（大声而急促地呼吸，就像你家里那只喘着粗气的狗狗那样），每分钟大约呼吸 45 次
身体颤抖	绷紧所有肌肉并保持紧张 1 分钟
感觉很热，或不断出汗	在炎热的房间里穿上夹克或用毯子把自己裹起来 上下楼梯跑 5 分钟 做 5 分钟中等强度的心血管锻炼
头晕目眩	快速旋转 1 分钟 绕椅子转圈 1 分钟
其他未列出的感觉	你如何创造性地唤起这些感觉？（提示：你因为害怕会带来这些感觉而避免做哪些活动？）

B 部分：在让自己尽可能地焦虑之后（若还没做就快去做吧！），请遵循以下指示。

1. 做 10 次跳跃。

2. 大声背诵字母表。

3. 画一栋房子。

4. 找出以字母 T 开头的五个物体的名称。

5. 从 100 减 7 倒数（100，93……）。

6. 去商店买一杯饮料。

7. 阅读新闻故事，然后问自己：我从中学到了什么？

8. 做一些简单的数学运算，如 856 加 930 等于多少？

☞ 你在经历焦虑感的同时，是否还能够说话、思考、行动、与他人交流和完成多项任务？

☞ 有关你焦虑时的工作能力，这些练习告诉了你什么？

这个练习的要点是，你在焦虑时仍然可以处理复杂的生活任务。你愿意度过这样一天吗，即在处理生活中的所有需求时都不焦虑？那当然！焦虑是超级不舒服的。但你认为焦虑感与哪个结果不沾边？如果你的回答是"危险"，那么你离不那么焦虑的大脑又近了一步。

这个练习如何重塑你的大脑？

当你刻意唤起身体的焦虑感时，你在教你的杏仁体，它可以在不舒服的感觉中生存下来并且没有危险。通过练习，你的杏仁体会减少对焦虑感的反应，这将打破焦虑循环。你的杏仁体会学习到，它可以在经历焦虑的同时仍发挥作用，执行所有必需的生活任务。当你焦虑时，你仍然可以行动、思考、记忆、写作和追踪信息。

☞ 在1到10的范围内，评估你继续学习以重塑你的大脑并减少对焦虑的反应和恐惧的优先级。

关键要点

你做得很棒！你已经成功完成了用以重塑大脑的培训课程的第一部分。你已经开始训练你的大脑去识别焦虑是什么、不是什么。你现在懂得了焦虑的功能以及这个过于热心的保镖如何卖力地工作却很难让你感到安然无恙。你也了解了从生物学角度解释的所有不舒服的焦虑感。焦虑可能会让人非常不舒服，但它并不危险。在这个关键认知的指导下，你可以继续推进用以重塑大脑的工作。当焦虑的误报发出刺耳的声音时，你会坦然接受，而不会让它阻止你去做对你来说最重要的事情。

第二章

停止自责

佐伊和艾比是最好的朋友，她们在中学时曾形影不离。当大一结束回到家的时候，她们意识到两人还有一个共同点：快乐的大学生活使她们脱离了原来健康的生活方式——她们的体重都增加了15斤："大一的十五肥"。她们决定互相鼓励着进行减肥行动，以恢复到她们原先正常的身材。她们将携手开启"健康之夏"：控制过量饮食，把运动当成第一要务。

在佐伊的"健康之夏"开始的第一天，闹钟响了好几次，她才好不容易强迫自己起床，此时离她准时到达暑期工作地点只有20分钟了。她迅速穿好衣服，来不及吃早餐就匆匆跑出了家门。当她终于在办公桌前坐下来喘口气时，才意识到自己有多饿。她原本计划为自己做一份健康的营养丰富的奶昔当早餐，午饭准备给自己弄一份沙拉加上昨晚吃剩的烤鸡肉。不幸的是，早上的赖床破坏了她的用餐计划，她发现自己正盯着办公室的自动售货机，在多力滋薯片和奇多薯条间犹豫不决。

佐伊试图让自己振作起来，她提醒自己，即使一天的饮食营养不太理想，她仍然可以完成运动目标。她想象着接下来的工作时间会很平静，她可以利用午休时间走走路，跳跳台阶，买一些健康食物来吃。然而事与愿违，她一直忙着处理各种琐碎的工作，直到六点下班前，她几乎都没离开过办公桌。

经过漫长的一天，佐伊坐在沙发上，不由自主地对比自己的营养、运动计划以及当天的实际表现。她知道自己没有实现预定目标，但认为可以做得更好。她可以用各种各样的理由为自己辩护，为何自己制订的少而精的饮食计划和适量的运动计划很难实现。然而，找理由无济于事。她现在意识到，改变自己的行为并把健康放在第一位要比她原来以为的困难。她开始反思自己当天怎么做会更好，并为明天的成功做好准备。她相信自己可以做得更好，并提醒自己为了达到健身目标，她需要更加努力和自律。

在"健康之夏"的第一天，艾比也是听到闹钟响了几次都起不来，直到她意识到上班要迟到了，这才手忙脚乱地起床。艾比接下来的一天就像佐伊的镜像。她一直忙于工作直到下班，饥饿感袭来时她就吃自动售货机里的零食。当她度过紧张的一天回到家时，本来想给自己做一顿健康的晚餐，结果还是选择吃冰箱里剩的比萨。在她吃完晚饭终于能停下来反思自己的一天时，立刻陷入内疚、后悔和羞愧的乌云中。她知道，如果她去散步或前往健身房就可以改变现状，但却倒在舒适的床上一动也不想动。她拼命地想通过指出自己有多"令人作呕""令人失望"的方式来刺激自己起床运动。她不断蔑视自己，这反倒使她更不可能掀开被子、穿上运动服冲到健身房了。事实上，她觉得整个世界都压在她身上，她对自己越来越不抱希望，感觉看不到生活中的积极变化。

佐伊和艾比都为自己设定了相似的健身和营养目标，也都在完成日常短期目标方面表现不佳。她俩都需要付出更多的努力来帮助自己吃得健康、进行锻炼，以达到她们的目标。

👉 在处理表现不佳、没有实现预定目标的相似问题时，佐伊和艾比的主要区别是什么？

👉 当你对自己感到失望并觉得自己本来可以做得更好时，你会如何应对？你面对挫败感的方式更像佐伊还是艾比？

错误检测功能

识别出你的行为并不是在促进生存，这对于你的大脑来说是很重要的，基于这种评估，它可以促进你选择更健康的替代行为。例如，你的大脑说："你无所事事、不做你的项目也没关系，一切都会自行解决的。"这样的话对你是没有帮助的。你的大脑说："我知道你很累，又温暖又舒适地看电视很爽，但你今晚真的需要花一个小时做你的项目。这学期快结束了，你再不抓紧的话，到时候压力就太大了。"这样的话更有益处。通过发送此消息，你的大脑一方面会促使你做出更好的选择，一方面也使你免受犯错带来的伤害。收到大脑的错误检测信息总会让人感到有点不舒服，但这种精神刺激对于你保持清醒、鼓励你做出更健康、更安全的决定是非常重要的。

当错误的检测导致自责时

你的大脑有能力识别出你可能在犯一个错误,同时鼓励你转向更好的选择,这种能力对于生存来说是非常重要的。没有大脑的这种功能,你是无法生存的。当你收到错误的检测信号时,自我评判和羞耻感也会伴随而来,它们是你活下去所不需要的。从艾比和佐伊两人在节食和锻炼表现不佳时的不同处理方式中,我们可以观察到大脑发送这一错误信号和大脑陷于羞耻自责模式的区别。佐伊的大脑观察到她的缺点并给她发送信号:"错误。明天你要给自己更多时间来安排健康的饮食和锻炼身体。"相比之下,艾比的大脑发出这条信息:"错误……错误……错误。你没希望了,只能放弃,因为你永远不会改变。"

佐伊的大脑走的是这条路径:

识别错误→检讨出错的地方和可以改变的地方→修改计划。

收到"出错"信息后,佐伊的大脑进入了解决问题的模式,她开始识别阻碍她成功的障碍,以便制订一个新的计划,从而增加她实现饮食和运动目标的可能性。

艾比的大脑走的是这条路径:

识别错误→检讨过去类似的错误及其负面结果→放弃改变的努力;保存能量,直到有机会成功。

对于艾比来说，"出错"信息引发了一系列要自我批评的想法，这些想法变得越来越泛化，直到她觉得自己像一个彻底的失败者。一旦她感到自己的问题如此之大，就不太可能找到一个实用的解决方案来帮助她实现节食和运动目标。在短短的 24 小时内，艾比的问题从摄入过多的卡路里和没有做足够的运动，变成"你所做的一切都是错的"。艾比的前额叶皮层应该如何提出一个有效的解决方案来克服这种信息的挑战呢？当你的前额叶皮层面临难以克服的问题时，最好的做法是认输，节省你有限的资源去进行有机会获胜的战斗。

岔路口

一旦你的大脑检测到你已经（或即将）犯一个错误，你就会发现自己正站在岔路口上。你的大脑可以选择路径 A，无缝地从错误检测转换到问题解决模式；或者它可以选择路径 B，无缝地从错误检测转换到自我攻击模式。

问题解决模式包括检讨什么阻碍你实现目标、制订计划以避免这些障碍以及下次实施修订后的计划。自我攻击模式会同时检讨你过去所有搞砸的地方、未来你可能搞得一团糟的地方以及你根本没有能力处理的挑战。

练习 5：当你的大脑检测出错误时它最常去的地方

有助于重塑你的大脑，使其只观察而不相信自我批评，因为当你犯错或表现不佳时，自我批评的想法就会浮现。

所需时间：每天 10 分钟。

在接下来的一周中，当你犯错或表现不佳时，注意自己会有什么无意识思维，以及你如何反应。用你的日记本或从 http://www.newharbinger.com/43768 下载工作表（连同完成的样本），从这些"错误时刻"中获取关键信息。

☞ 在过去的一周中，当你犯错时，你更可能会解决问题还是责备自己？

> 👉 当你从严厉的自我批评者变成客观的观察者时，你有没有注意到自己的变化：在自责上花的时间更少了，在解决问题上花的时间更多了？
>
> **这个练习如何重塑你的大脑？**
>
> 花更多时间有效解决问题的第一步：注意你管理"错误时刻"的首选模式。通过密切关注你喋喋不休的想法，你会快速觉察到自责袭来，此时覆盖这个信号，督促自己选择路径 A：进行有效的问题解决。当你激活你的前额叶皮层，告诉它要注意什么时，这就让你更有可能做出改变，比如结束无益的思维习惯。

生理习性和经历会影响你的路径选择

人类大脑有预编程序，能提供自我纠正以防止犯错，但是你如何进行自我批评、你的大脑自责的频率则取决于你的生活经历和你的基因。在接收到错误的检测信号时，有些人很自然地倾向于选择路径 A——问题解决模式，有些人往往会立即被引诱到路径 B，最终导致坚信错误检测和自责是一回事。

你的基因为你内在的自我批评的频率和强度奠定了基础。你可能天生就对错误非常敏感，或者你可能极度宽容自己的所有缺点。你也有可能处于这两个极端之间。

此外，你在童年经历中所接收到的信息也会影响你有多快和多容易坠入自责的路径上。来自重要亲密关系的过度批评的信息可以塑造你看待自己的方式。困难的生活经历，如创伤或虐待，会增加人无能为力的感觉，从而导致人频繁地踏上自责的高速公路，减少了应对挑战、解决问题的实践练习。

不过，好消息是，即使你犯了一个错误（或担心自己可能犯了一个错误），并且很容易陷于自责模式，你仍然可以通过有针对性的练习和多次实践，重塑你的大脑，使之更频繁、更流畅地进入有效解决问题的模式。

重塑你的大脑以更容易激活问题解决模式，需要洞察力、转换视角和灵活地思考——所有这些都是由你的前额叶皮层启动的。当你与现状保持协调一致时，你的前额叶皮层可以退一步，从不同角度看待你的挑战，为你打开新的视野，提供创新的方法以应对挑战。

研究发现，当你更开放、更灵活地思考时，你大脑的不同区域就能更好地交流，从而更有效地解决问题。事实上，研究表明，当大脑在解决问题时，焦虑的想法和感觉通常会减少。

在你大脑中间的另一个区域，纹状体，通过把你的愿望和意图与行动连接起来帮助你解决问题。纹状体通过奖励和惩罚激励你采取（或不采取）行动。大脑中的纹状体有三个部分，每个部分负责有效解决问题的不同方面：一部分组织你关于一个问题的想法；另一部分考虑你所作选择的利弊；第三部分与感觉和运动神经元交流，以便你的身体可以采取行动。

你的大脑在自责模式下和在焦虑状态中检测到威胁的状态下，是以同样的方式运作的，只不过前者的威胁来自内部。自我批评对你的杏仁体发出威胁的信号，导致其释放出与敌人作战所需的应激激素。

正如你之前在阅读中学习到的，杏仁体旨在快速发现是什么在威胁你的安全。当你的杏仁体感受到威胁时，它立即启动战斗—逃跑—静止模式。战斗—逃跑—静止模式增加血压、肾上腺素、激素皮质醇，提高其他身体机能，以调动对抗或逃避威胁所需的力量和能量。虽然这个系统是由进化而来用于处理外部攻击的，但是当你因为犯错或自己表现不佳而责备自己时，它很容易被你受挫的情绪激活。

自责的代价

让所有这些应激激素传遍你的身体不仅会让你感到不舒服,它还是低效的,浪费你有限的能量供应。

想象一下拳击手赢得战斗所需的能量状况。一旦比赛结束了,你觉得拳击手还剩多少精力去完成当天生活中的其他任务?很显然,当你将自己的能量用于自责的时候,你能投入生活中重要领域的能量就所剩不多了。此外,你完成任务所需的专注的思考能力也会下降。

研究告诉我们,自责不仅会消耗你大脑的资源,还会把你的注意力引到无益或无关的事情上面,让你的大脑对潜在的威胁更敏感,而不是把主要精力用在当前手头的工作上。想象一下,艾比正努力计划着她明天的饮食,并仔细考虑着一旦工作忙的时候她有哪些健康零食可供选择,这时候她的大脑评论说:"你是个大胖子,又懒又糟糕。你以为你会吃蛋白棒而不是士力架,那只不过你是在自欺欺人而已。你不仅可悲,而且还痴心妄想。"这些自我憎恨的咆哮怎么能使她完成任务呢?

放弃自责

如果我们能神奇地让你的大脑停止自责,你愿意接受我们的邀请吗?与我们合作的青少年通常都急不可待地说:"愿意!"他们说接收这些自我批评时感觉特别糟糕,非常渴望消除这种无效的思维方式。但当我们进一步交谈时,他们常常变得犹豫不决。他们意识到,放弃自我批评会让他们担心,如果停止自责,他们会不会变得过于自满和懒惰。他们不知道,如果他们停止自责,还有什么可以为他们带来改变。

常见的有关自责的误解包括:(1)可以鼓励有效的行动;(2)让我不自满,不接受现状;(3)是对我过去的错误应有的惩罚;(4)提醒我所犯的错误,以便我可以避免再犯同样的错误。

实际上,自责只会让你成为羞耻、恐惧和焦虑的人质,能帮助你不断进步和有效解决问题的积极训练才是你真正需要的。

📖 或 💻

练习6:从无意识的羞耻感到理解和体谅

有助于重塑你的大脑,当你想到过去的错误时,从无意识的自我批评转变为更友善和体谅的立场。

所需时间:5分钟。

> 闭上眼睛,想象你最近犯的一个比较大的错误。睁开眼睛,你的大脑此时告诉你的你对自己的看法是什么?在你的日记本里记录下来。
>
> 接下来,尝试采用更友善、更宽容、更体谅的声音回应这段记忆。把这些新的回应记录下来。
>
> ☞ 你身体里的焦虑感有什么不同吗?

来自外部资源的积极性指导与惩罚性指导

伊森正在进行艰苦的网球训练。因为担心自己在决赛中的表现,他前一天晚上难以入睡。他告诉自己只要在训练中尽力而为就好,他希望自己不太理想的精神状态不要影响场上的表现。伊森的教练费尔南多直接训斥他状态不佳,并质疑他对这项运动的投入度,还说如果他教其他孩子就不会浪费自己的时间。教练咆哮着告诉伊森:照他这样的态度,他将一事无成。

练习 7：好教练与坏教练

有助于重塑你的大脑，使其在惩罚性教练控制训练过程的时候保持觉察。

所需时间：20 分钟。

A 部分：用你的日记本写下你对这些问题的答案。

- 当伊森的教练斥责他时，你认为伊森有何感想？
- 你认为教练的斥责对于伊森的训练有什么促进作用？
- 你认为伊森会对自己有多大信心？
- 你认为伊森会感到自己有多大的力量和能力？
- 如果下一赛季伊森仍在费尔南多教练的指导下训练，你认为伊森打得好的可能性有多大？

回忆一下，在你自己的生活中，有人曾以严厉的、凶巴巴的方式指导你吗？

・你会有什么感受？

・这种互动方式对你努力获得成功有什么促进作用？

现在想一想，有人在指导你的时候使用鼓励和支持的方式。

・你会有什么感受？

・这种互动方式对你努力获得成功有什么促进作用？

B 部分：此实验需要你使用手机或录音设备，用以评估自责如何影响你的表现。

首先，制作一个音频文件，记录你最强烈的自责想法。例如，艾比记录下自己的话："你是一个失败者，又可怜又懒惰的失败者。"接下来，尝试完成一些需要集中注意力的任务，比如用纸牌盖房子、头顶一本书走路或者做作业。

接下来，制作一个包含积极指导内容的音频文件。艾比记录下这条消息："你在某一个领域中受挫并不能抹去你在其他方面的成功。你能实现减肥目标，只要你专注于采取小小的行动步骤。"接下来，尝试完成你上面选择的任务。

对比你受到严厉的自我批评和被积极引导时的表现，你有没有注意到有任何不同：你完成任务所用时间的不同、你犯错数量的不同、你从手头任务分心的频率的不同？

C部分：花一整天时间专注于你所有做错的事、你正在做错的事、将来很可能会做错的事。第二天，当你的大脑陷入自责的模式时，告诉自己"今天我选择接纳自己所有的优点和缺点"。

比较和对比：这段时间你完成了多少练习？你的整体情绪如何？你有多少能量？你觉得这些练习如何激发你在生活中的积极性？你更喜欢哪种反应？

> **这个练习如何重塑你的大脑?**
>
> 对于任何一名运动员来说，拥有一个积极的、支持性的教练有助于提高他的能力并增加他获胜的可能性。你的大脑值得拥有一位积极的教练，而不是惩罚性的教练。通过重塑你的大脑，使其成为一名积极的教练，你正在解放你的前额叶皮层，以便当你遇到障碍时，它可以将资源用于集中注意力、学习和解决问题；如果你的内部惩罚教练操控了你，你会感到恐惧、焦虑和惊慌，很难在生活中做出积极的改变。

陷于焦虑中的人有关"自责"的共同问题

在焦虑中挣扎多年之后，你很可能已经开始用消极的方式评价自己了。这会让你感到很崩溃，觉得自己有缺陷、无力或……（插入你自己首选的自我评判）。当在焦虑中挣扎的时候，人很容易陷于"羞耻和责备"中不能自拔，而不是真正地面对和解决焦虑。当然，正如你已经读过的，自责对于处理焦虑或任何其他情绪都没有帮助。事实上，它使你感到被困。什么会对你更有帮助？因为超重而花几个小时对自己大喊大叫，还是去健身房锻炼一小时以更接近你的健康和健身目标？我们希望你将能量使用在可实现你的健康目标的行为上，而不是把自己囚禁在焦虑、羞耻和愤怒中。

我们常听到在焦虑中挣扎的青少年对自己做出下面的评判：

- 你是一个失败者。
- 你很可悲。
- 你真令人恶心。
- 你是弱者。
- 你有缺陷。

☞ 你对自己的首选评判是什么？

令人焦虑的痛苦与由焦虑引起的痛苦

想象一下，你正在经历一种不舒服的焦虑症状，并且在接收一个强烈（但不准确）的信号，它告诉你正处于危险中。你开始对自己大喊大叫："你真是个失败者！你是怎么搞的！"这可能：（1）让你的焦虑快快过去；（2）导致你的焦虑持续更长时间；（3）对你的焦虑没有影响。

如果你的回答是（2），你是对的。对自己大喊大叫只会让你感到更加沮丧，这会延长你的焦虑。是时候练习担任积极的自我教练了。

练习8：积极的指导口号

有助于重塑你的大脑，以便它知道当焦虑的想法和自我批评开始时怎么做。

所需时间：15分钟。

写下尽可能多积极的指导口号，以备将来焦虑时使用。关键是它们必须是真实的。如果你告诉自己"你很坚强、很勇敢"，但实际上你并不相信，那就不会有任何帮助。

以下是与我们合作的青少年使用的一些口号：

· 过去的所有困难时刻我都挺过来了。

· 焦虑不能界定我。

· 也许现在情况不太好，但很快就会好转。

· 焦虑不是我本身，焦虑只是正在经过我而已。

· 我比焦虑更强大。

· 一步一步来。

在接下来的一周里，写下你经历的每一个焦虑时刻，并在1—10的范围内评估你的初始焦虑水平。接下来，记录下你无意识的自我批评的想法。用积极的指导口号提醒自己，然后记下你新的焦虑程度。你可以使用日记本或从 http://www.newharbinger.com/43768 下载工作表，你会看到示例条目。为了充分利用这个用于重塑大脑的培训计划，努力放下自我批评非常关键，节省下你的精力去执行面对恐惧的艰巨任务。

这个练习如何重塑你的大脑？

当你在充满挑战的时刻积极地指导自己，而不是依靠你严厉的内心批评者时，你的皮质醇水平（压力荷尔蒙）会降低。你的身体开始向你的大脑发出信号：你不再需要恐慌或进行战斗—逃跑—静止模式，内部威胁不再那么具有威胁性。你感觉更安全会让你的大脑更开放、更少陷入沮丧。在你进行积极的自我指导时，另一种激素催产素会增加。催产素让你感到被关

> 爱，并使你与自己和他人连接，从而使你感受到被善待的温暖。我们从研究中获知，人们进行积极自我指导的频率越高（而不是自我批评），他们就会越少感受到他们通常的焦虑和沮丧感。通过重塑你的大脑来提供积极的指导，你会减少羞耻感，更好地专注于你生活中重要的事物。

你会对一个好朋友说什么？

不幸的是，摆脱自责模式比简单地告诉自己停止自责要复杂得多。想象你给一个好朋友善意的回应，比想象你的前额叶皮层为你提供相同的回应要容易一些。所以，让我们想一想你会如何帮助一个对自己的未来感到压力和焦虑的朋友。他不确定自己是否做出了正确的选择，可以为自己未来成功的生活做好准备。以下哪个回应会是有帮助的？

- 克服它，宝贝。
- 学会面对。
- 你怎么啦？

- 这很难，对未来感到害怕和不确定很正常。我相信你有能力想清楚。

当有人理解你的痛苦并简单地说一句"是的，真的很难"时，它会有惊人的治愈作用；忽视你的痛苦或让你不要抱怨会适得其反。承认难受不会为犯错误找借口，而是在痛苦中前行的有效的第一步。

关键要点

通过告诉自己"是啊，这真的很难，而且我相信你很坚强，足以渡过难关"，而不是让自己陷入羞耻、责备和评判自己的挣扎中，你既理解了自己焦虑的不适感，也提醒了你的大脑你可以克服困难。

不断努力向前！当你觉察到自己感到焦虑而情况并没有那么危险的时候，训练自己用积极的指导度过虚惊。对自己要有耐心和同情心。当自己处于焦虑的挣扎时刻时，尝试像对待朋友一样善待自己。

第三章

活在当下

放学了，丹和凯莉离开了教学楼，朝着相反方向各自走回家。当丹走在路上时，他陷入各种各样令人焦虑的想法中：即将到来的微积分测验、他在篮球队的表现以及一些朋友拿他开玩笑时对他的攻击越来越让他感到沮丧。丹完全沉浸在自己的思绪中，不知不觉就走到了家门口。他感到自己的胃都要痉挛了。当他走进屋时，他的思绪还停留在各种令人心烦的想法中。

与此同时，凯莉走路时专注而平静。令她备感压力的想法偶尔会在她的脑海中闪现，但她只是当时觉察到它们，很快又回到她当下的体验中去了。当令她担心的想法闪现在她的脑海时（"如果我的微积分成绩不好，我无法进入梦想中的大学怎么办？"），她就专注于感受凉爽的秋风吹拂着自己的皮肤，聆听脚踩在树叶上时产生的嘎吱响声。当她走进家门的时候，她感到自己充满幸福感，神清气爽，聚精会神。凯莉知道，当她走在人行道上时，关于她的微积分测验她什么也做不了；她意识到，被担心笼罩只会让她现在感觉更糟，在学习时更难以集中注意力。

晚上，丹和凯莉都坐下来学习，为明天的微积分测验做准备。丹的胃还是拧成一团，他完全无法集中注意力。他每次打开微积分课本，注意力都被更多的担心淹没了：担心考试，进而担心大学，接着担心未来的工作，甚至担心退休生活。他的心怦怦直跳，他觉得自己的脑子要炸了。为了缓解一下思绪，他打开了游戏机，在电子游戏中放松自己。然而，对于测验的沮丧感在他的脑海中漫延开来，放下游戏机、打开书本对他来说变得越来越困难。终于，他设法在半夜开始了学习，但他太焦虑了，以至于根本看不懂那些复习资料。第二天他参加了测验，只能答出大约一半的问题。

而凯莉准备复习的时候则感到放松而专注。步行回家使她感到精神焕发，对她来说是在学校学习一天后很好的放松和休息。当她打开微积分课本时，她感到踏实和平静。一些令人焦虑的想法在她的脑海中浮现，她没有把它们置之脑后，而是告诉自己"我有一个令人焦虑的想法"，然后重新专注于学习；这就像是说"我的狗在沙发上"或"有一根香蕉在台子上"。她没有迷失在分析为什么狗在沙发上或香蕉在台子上，或为什么令人焦虑的想法出现在她的脑子里。她只是注意到了这个想法，然后回到了当下——在这种情况下，她可以专心学习。第二天她参加了测验，得到了比她预想的更高的分数。

这个故事说明了什么？某种程度上我们可以说凯莉比丹更能专注于当下。她能更好地立足于当下，而不受他人的想法、地点、时间的影响。因此，她会比丹感到更放松和快乐，更专注也更健康。但这个故事的寓意不止于此，更重要的是，凯莉通过日常练习积极训练大脑专注于当下。稍后你将会看到这些内容。

正念和大脑

你可能听说过"正念"这个词——这是最近非常流行的词！正念冥想实际上源于古代佛教修行，可以追溯到三千五百年前。究竟什么是正念？它经常被定义为对当下体验的非判断性关注。什么是正念冥想？它使用不同的方法重塑你的大脑，让你更加专注。

让我们来剖析一下这些概念。请注意，不论是"正念"还是"冥想"，都不是让你关闭你的想法，或者阻止消极的想法，或者让你不分心。完全相反！正念是让你全方位关注当下的体验，不做出负面反应或试图改变它。正如你很快将要学习到的，当你冥想的时候，你可能会吃惊地看到你的思想东游西逛，跳来跳去。再次声明，我们的目标绝对不是要阻止或关闭你的想法，而是单纯地让你觉察到它们，像凯莉那样，再一次又一次地回到当下。通过这个练习，你会发现你变得更加专注、焦虑更少，在生活中感到更有信心、更加理性。

尽管正念练习看起来很简单，却有非常强大的功效。归功于神经影像学对大脑的研究，我们现在知道定期冥想练习的好处包括：你的杏仁体会变小，变得不那么活跃；你的前额叶皮层也处于下线状态，从担心和制订逃跑计划中暂停下来；你的海马体会越来越大，这有助于记忆和学习，并减少大脑老化。冥想看上去还改变了大脑其他区域的大小,以增加你的同理心和同情心,减少你对自己不切实际或无益的想法。这些变化反过来又会对你的日常生活产生深远影响。经常冥想的人焦虑、压力和抑郁减少了,能更多地感受到在与他人的关系中的幸福感和满足感,睡眠质量更好,甚至免疫功能提高,病假更少。这太不可思议了!

练习 9:建立你自己的正念冥想练习

有助于重塑你的大脑,以使其专注于当下。

所需时间:约 10 分钟。

这个练习将帮助你建立自己的正念实践。你需要一部手机或其他可以联网的设备。

我们建议你每天尝试冥想大约 10 分钟。有证据表明,做更长时间的冥想对你的健康更好,即使做的时间短一些也依然会很有帮助。不管你是早上做还是晚上做,或在每天不同的时间做,都是可以的,设定一个固定的时间表对一些人会有帮助。

首先，你需要找一个不会被其他人打扰的空间。如果可能，在这个地方你不会做其他事情。这个地方的空间不必像整个房间那么大。大多数人成功地在卧室开辟出一个不常用的小角落，或者就坐在他们房间的窗户前，可以看到窗外的树木。基本要求就是你有一个特殊区域可供你练习冥想。找一个垫子（或一把椅子，如果它让你更舒服的话）坐在上面，并在你视线之内放一些让你感到舒缓的物品——也许是你远足时捡到的一块石头，或者你喜欢的雕塑或蜡烛。如果你与他人共用这个房间，你可以在你完成冥想后把这些东西收起来，下次冥想的时候再拿出来。你的冥想空间应该简单而舒适，是完全属于你自己的个人空间。

接下来，你需要开启引导式冥想练习。你也可以不采用引导式冥想，但大多数人觉得有引导的话练习会更容易。此外，如果你刚开始练习冥想，引导方式将指导你该怎么做。引导式冥想有很多不同的选择。有些让你睁着眼睛冥想，有些则让你闭眼冥想。

有些指导你在不同场景中使你的思想得到平静，比如在火车上或在参加会议时，有些则提供一般性建议。你可以在应用程序中输入"冥想"，探索不同的选择，并找到一个适合你自己的冥想练习。如果你没有手机或电脑，也可以在当地图书馆借阅关于引导式冥想的资料。

如果想在没有引导的情况下开始冥想，你可以按照以下简单步骤进行。首先，把能让你感觉舒缓的物品放在你的视线范围之内，然后坐在你用于进行冥想的位置。你可以坐在椅子上，脚平放在地上，也可以盘腿坐在垫子上，重要的是你的脊椎是直的。而且你不能躺着，因为如果你躺着，你很可能会睡着。

坐下来之后，你的目光温柔地看着那些能让你感觉舒缓的物品。你可以轻轻张开双唇，让空气顺畅地进出。尝试带着对物品完全不加评判的意识，就像你是来自另一个星球的外星人，从未见过这样的物品，因此对它没有任何想法。你只需要注意它的形状、颜色、阴影和角度。每当你开始产生判断或想法，感到自己迷失在关于物品、关于你的过去或未来的各种想法中时，只要注意你的想法去了哪里，然后重新把注意力放在物品的特质上即可。记住，你不是在试图阻止你的想法；你只是在学习注意你的想法去了哪里，不让自己被分心带跑。你在观察自己的想法，不做任何评判，然后学会回到当下。

友情提示：当你进行冥想练习时，无论是跟着录好的指导语，还是跟着我们的提示语，你都会有不同的体验。可能有几天，你的想法就像一场风暴，几乎永无止境，难以摆脱，而在其他日子里，你的想法和感受更像云朵般平静飘过。的确，体验没有"正确"或"错误"之分。每个人都有对各种激烈情绪的体验和对平静的体验。仅仅通过坐在你的座位上，练习回到当下——不管你是否会感到被"雨水"（走神的想法）浇透——你就在重塑你的大脑，使你从冥想中获得巨大益处，正如在你之前很多人已经获得的一样。事实上，这可能是你情绪最激烈的日子，最终会为你带来重塑大脑的最大益处！

这个练习如何重塑你的大脑?

当你在进行个性化的冥想练习时,你在重塑大脑不立即对"警钟"带来的焦虑做出反应,而是弱化你对身体的感知(战斗—逃跑—静止模式)和你对自己或周围事物的想法的连接。请记住,通过冥想,你的杏仁体甚至可能缩小并变得不那么活跃,从而减少误报。冥想也与你的海马体和前额叶皮层增加的灰质(大脑中具有许多神经元的区域)数量有关,会导致更多的积极情绪、更稳定的情感和更好的专注力。增加的血清滋补素和催产素可以改善你的情绪,同时,更多的化学物质多巴胺会促进更好的专注力。所有这些都是冥想练习产生的结果。冥想也有助于降低压力荷尔蒙皮质醇和肾上腺素,它们在战斗—逃跑—静止模式中会增加。冥想甚至可以通过增加褪黑激素帮助你入睡,这种激素控制着你的觉醒—睡眠周期。

☞ 在1到10的范围内,评估你继续建立个性化的冥想练习的优先级。

练习10：3—3—3工具帮助你在日常生活中保持稳定状态

有助于重塑你的大脑，以应对你在日常生活中的飘忽不定感。

所需时间：约3分钟。

当你没有坐在垫子上练习冥想的时候，你如何将正念融入日常生活，特别是当你感觉自己的思绪飘忽不定的时候？没着没落的感觉对不同的人有不同的意义——也许你的想法在飞奔；也许你的心脏开始狂跳；也许你感觉到与自己的身体分离，就好像你从上面看着它一样；也许你只是感觉压力超大，就像快要崩溃了一样。不管是什么症状，3-3-3练习能帮助许多人很快平静下来，回到当下。它是一个简单但功能强大的工具。

你可以在任何地方做这个练习，并不需要任何物品。首先，坐直并将双脚平放在地面上，双手放在你的大腿上。关键是你的脊椎要笔直，就像一堆摞起来的硬币一样；身体的其余部分要放松，就像挂在你笔直的脊柱上。花点时间让自己保持这种姿势。

然后，环顾你所在的空间，说出你看到的三样东西，例如我现在看到了我的狗、一本书和一株植物。尽量不要以任何方式评判你所看到的东西，例如，你只是对自己简单地说"书"，而不是进入一大段心灵故事，比如，我妈给了我这本书，我从来没有读过，因为我怀疑它没什么用，但我仍然感觉自己很糟糕，因为我没有读它。

这个练习的目标是活在当下，而不是陷入评判或概念中。与我们合作的许多青少年发现，把注意力放在房间里的墙壁与地板相交的某一个点上时，对于他们让自己平静下来特别有效。这会为你提供一个落脚点，特别是当你感觉到与自己的身体分离或内心充满焦虑的时候，你关注到的某件事物可能成为你的想法的落脚点。

接下来，说出你感觉到的三件事。说出对身体的感知，而不是对情绪的感受：例如，我感觉到了我手臂上的毛衣袖子、我脚下的硬质地板，或者光滑的金属项链贴在我的皮肤上。

最后，说出你听到的三件事：现在，我听到了我的狗挠耳朵时它的项圈叮当作响；空气穿过通风孔的声音；门外有一辆车开过。这可能需要你花点时间。

现在，你有了基本概念，我们从头开始试试整个3-3-3练习：坐直，身体放松，脚着地。放慢一点，说出3件你看到的事物、3件你感受到的事物和3件你听到的事物。你可以大声说出来，如果你在公共场所，你可以在自己脑海里说出来。你可以重复这个练习，根据你的需要练习多少次都可以，尽管人们常常发现，就算只做一次，也会帮助人冷静下来很多。

这个练习如何重塑你的大脑？

这个练习之所以如此强大，部分原因是它能训练你专注于你的身体感受。当你关注身体感受时，它可以让你的大脑专注于当下正在发生的事情，而不是陷入前额叶皮层持续的焦虑漩涡中。通过实操，3-3-3正念练习有助于重塑你的前额叶皮层，让它从持续地计划、担忧和想象可怕后果的状态中暂停一下。

你重塑你的前额叶皮层，让它专注于眼前的事物：你看到的、感觉到的和听到的事物。由于正念练习也有助于你消除对自己产生的不切实际的想法，你正在重塑你的大脑，使它只是关注你的身体感受和你周边世界本来的样子，而不是把它们和恐惧或危险联系起来。

☞ 在1到10的范围内，评估你继续使用3-3-3练习重塑你的大脑，以便在日常生活中保持清醒的优先级。

关键要点

正念是对你的当前体验保持非评判性觉知。这并不意味着改变你的想法，而是减少对这些想法的回应，它反过来又有助于你活在当下。重塑你的大脑使其更加专注——例如，通过每天10分钟的冥想练习和使用3-3-3工具——可以显著改善你的身心健康。

第四章

摆脱痛苦

星期五晚上，卡莉和艾拉都在洗澡，为出门做准备。两人都在刮腿毛时划伤了腿，血流了出来。"哎哟！"卡莉惊叫了一声，感觉到了剧烈的疼痛。很快，卡莉感觉不到疼痛了，她继续淋浴，享受着温水滑过她的脊背，并兴奋地想着将要去参加的派对。当洗完澡出来后，她在腿上贴了一个创可贴，然后继续做着准备，不再为腿被划伤多花一分心思。

当艾拉划伤自己的时候也"哎哟！"叫了一声，但她的反应并没有就此停止。"我太笨了！"艾拉想，"我总是这样，真是个白痴！现在连裙子都穿不了了，我整套衣服都被毁了。我为什么总是把事情搞砸！"从浴室出来并贴上创可贴后，艾拉的想法变得更加负面："现在，我腿上有了一个大标签，显示我是个白痴。"那天晚上，每当想到划伤自己这件事时，她都再次变得沮丧起来。

这个故事说明了什么？卡莉不怎么理会负面事件。请注意，我们不是说卡莉从不对任何事情做出负面反应。如果你划伤自己，你会感到疼痛，这是人的本能反应。大喊"哎哟！"就是我们所说的疼痛反应——是你面对挑战时本能的、几乎不可避免的反应。你对疼痛的反应会使你感觉受困扰，特别是如果你有灾难化的反应，你很容易夸大事实。艾拉除了对痛苦作出反应之外，还大声咒骂自己。在划伤自己、感受到即刻的身体疼痛之后的很长一段时间里，艾拉沉浸在"划伤自己意味着我笨手笨脚、把一切都搞砸了"等的想法里，从而使自己产生了各种各样令人沮丧的情绪。疼痛反应是不可避免的，它代表我们活着；灾难化的疼痛反应通常是没有必要的，它只会让我们感觉更糟糕。有关焦虑的痛苦，我们可以将其分解为：

痛苦 = 挑战带来的固有痛苦 + 对挑战作出的灾难化反应。

你能想起你迷失在灾难化反应中的时候吗？当你面对一个确实困难的事件时，灾难化反应会导致多少不必要的痛苦？也许你这次考试成绩不好，你就会无休止地陷入"我永远上不了理想大学"的噩梦中；或者你说了一些"蠢话"，然后接连几周你都陷入自责中；或者在一场比赛中你表现不佳，你就确信在这个赛季接下来的比赛中你的队友都会对你耿耿于怀。幸运的是，通过正念练习，我们可以学习看到痛苦的经历本来的样子，把我们从灾难化思维中拉出来，从而使我们对生活中负面事物的不必要反应越来越少。

痛苦、反应和大脑

正如你在本书中和你在生活中所领悟到的，生活中充满艰难时刻。这是正常的——事实上也是非常健康的——我们会在困难时期体验到负面情绪。就像你游泳时浑身弄湿了一样，当朋友们排挤你时，你可能会感到焦虑或受伤。这种即刻感受到的不适是你的痛苦反应，它只不过说明你正在面临一个艰难的时刻。当你在艰难的经历中保持正念时——只是经验此时此刻，不跳到未来或是陷入过去——你的大脑就会处于良好的状态中。

你的大脑感受到痛苦是有原因的，无论痛苦是来自身体还是来自情感，你的大脑正在提醒你注意一些重要的事情。它提示你的身体或心灵需要得到保护。想象一下，当你不小心碰到一盘新鲜出炉的饼干时，你感觉到手指上有剧烈的烧灼感，通过特定的感觉神经元，"好疼"的信息被发送到你大脑的不同区域。然后，你的大脑通过激活有用的退缩反射，保护你免受进一步伤害。你的海马体使用它的学习和记忆资源提示你该去治疗你的烧伤，所以你冲到水槽边，把手放在凉水里。你的大脑也会释放用以止痛的激素内啡肽，使你从手被烫伤时感受到的剧痛变成隐隐作痛，痛苦的强度会随着时间的推移而减弱。当你在关注自己的痛苦时（无论它有多不舒服），你可以更好地照顾自己的身体需要，有助于解除痛苦和保护自己免受更多的痛苦。

当你不再保持正念而是迷失在各种反应中时，你就会遇到麻烦。你遇到一个事件——比如割伤你的腿或者考试成绩糟糕——你在自己灾难化思维里打转，煞费苦心地告诉自己这些事件对你和未来意味着什么。当这些反应发生时，你的身心都会感到痛苦。事实上，它们很可能会让你对所遭受的事件感受到更深的痛苦。研究表明，灾难化思维会让你将更多的注意力放在你的痛苦经历上，这让你很难意识到表明痛苦在消退的其他指征。如果你持续关注痛苦感有多糟糕，你就会开始将这种不适感解释为威胁，从而引发你强烈的不安情绪。当你陷入灾难化反应时，你的前额叶皮层会被激活，让你为所有可能的最坏结果做好准备。你的前额叶皮层告诉你，那个不好的考试成绩意味着你是并且总是一个失败者。作为一个完全的失败者，你想想你会怎么生活？这个可怕的想法会拉响你的杏仁体关于恐惧和惊慌感的警报，激活你的战斗—逃跑—静止模式，并一直不断延长你收到考试成绩后的焦虑感。幸运的是，我们有办法重塑你的大脑，使你在困难时期活在当下，减少你的反应，使你变得不那么焦虑。

练习 11：注意灾难化反应的出现

有助于重塑你的大脑，使其不再对负面事件作出高度反应。

所需时间：一天。

当你每次产生灾难化反应的时候，尝试对它们保持觉察。这可能包括一些大的反应，例如因为你这次考试成绩不好，你永远上不了好大学，进而无法从事你想做的职业；还有一些小的反应，比如当你说了一些尴尬的话,你就说自己是一个"白痴"。如果你不记得这样做,你可以在卧室门上或在学校经常使用的书上贴一张便笺纸,上面只需写着"反应"这两个字即可。负面情绪也是一个很好的提示。每次当你感觉不开心时,都用这种负面情绪提醒自己停下来并觉察你是否正在经历任何灾难化反应。

如果你正在经历灾难化反应,现在就是把你的意识拉出评判性、灾难性漩涡的好时机,然后回到此时此刻。3-3-3练习是一个很好的方法。记住:暂停,挺直脊椎,然后说出你看到的3件事、你感觉到的3件事和你听到的3件事。一旦练习被你的灾难化反应打断,哪怕只是轻微地打断,你保持继续专注于此时此刻,比如抚摸你的狗、完成你的作业或者做一些吃的。如果灾难化反应再次袭来,只需觉察它们,并练习再次回到当下。这个练习做得越多,你的灾难化反应就变得越少。记住,这就像去健身房:锻炼一次并不意味着你一下子就能永远处于良好状态,甚至在第一次练习时你可能会感到很难、很有挫败感。但是你练习得越多,你就变得越强壮、越健康。

这个练习如何重塑你的大脑?

当你陷入灾难化反应所带来的痛苦和不适时,你的前额叶皮层喜欢想象最坏的情况并吓唬你的杏仁体,逼它采取行动(甚至在什么事情都还没有发生的时候!)。然而,当你意识到这个状况正在发生时,你就在给前额叶皮层提供现实的检验机会,并提醒它不需要有超出最初的不适感的思虑。你提醒前额叶皮层:不适感正在提醒你的身体或思维采取某种行动,但不一定是那种类似你处于危险时要马上采取的行动,即战斗—逃跑—静止模式的行动。当你练习在静坐中与不适感同在时,你的大脑就有机会学习到:像所有的情绪一样,这种不适感会过去的。通过研究,我们知道,冥想的人可以更好地控制他们注意力的方向,所以很少会被无益的想法消耗,并且可以在当下转向一些更有帮助的想法。你练习注意你的灾难化反应并重新聚焦于你当下的直接体验的次数越多,你的大脑在你特别痛苦的时候就越容易调适,它会使你的应对能力发生转变,使你从基于情绪的反应转变为关注你在当下的感知。

👉 在1到10的范围内，评估你继续学习觉察和阻断灾难化反应的优先级。

练习12：减弱灾难化反应的能量

有助于重塑陷入灾难化反应的大脑。

所需时间：5到10分钟。

有时，无论你怎么努力，你都会发现自己无法摆脱灾难化反应。在这种情况下，最好的方法可能是默想自己灾难化的想法和感受，只需观察反应本身而不做评判。

你以冥想的姿势坐下，并邀请灾难化反应与你连接。当它靠近你的时候——我们相信它会很乐意这样做——想象你正在观看电视或电影中某个角色的反应，而不是你自己的反应。这会产生一点距离，让你更客观。你甚至可以想象自己是一个科学家，正饶有兴趣地关注灾难化反应的每一个细节,但不会被它们困住,然后大声向自己描述你注意到的关于反应的一切细节,尽可能做到客观。例如,你可能会说:"这种灾难化反应导致了这样的想法:因为我对艾米说了一件令人尴尬的事,她可能不再想跟我一起玩了,很快我就一个朋友都没有了。这个想法让我心跳加速、胸闷。"

在此练习中,你要认识到的一件重要事情是,你**将**在此期间体验到痛苦反应——这是完全正常的。在上述示例中,一想到没有朋友就直接导致心跳加快、胸闷的痛苦反应是正常的。即使灾难化反应再多也没关系。我们的目标只是为了帮助你避免淹没在灾难化反应中而忘记你的反应并不是现实。这种区别就像你看一部电影,即使它让你害怕,你也知道自己是在看一部电影;如果你过于被剧情吸引,你就会忘记这只是电影而不是你的真实生活。

继续这个不加评判地观察你的灾难化反应的过程。你会发现,自己变得越来越有能力观察你的反应而不会被它们冲昏头脑。就像你看电影的次数足够多后，你就会知道每个场景是如何进行的，最终你会记住你的灾难化反应的"情节"。当某些想法出现时，你不会再感到惊讶，导致你的身体以某种方式回应。相反，你将能够只是观察灾难化反应的发生，甚至可能对此感到厌烦，然后回到你生活的其他方面。

这个练习如何重塑你的大脑？

你可能已经注意到，灾难化反应会带来不愉快和无益的想法，让你困在不舒服的感受里。这个练习可以帮助你使用正念技巧，让你的大脑摆脱这些想法的困扰。当你进行正念冥想时，它可以帮助你关闭前额叶皮层内特定的运作区域，停止大脑喋喋不休的无益想法。冥想练习也有助于减少负面想法的侵入，减少你大脑中的奇思怪想。用正念觉察灾难化反应的练习使人们更容易将想法只是当作一种想法，而不做评判或赋予每个想法特定意义。当你对自己的想法不赋予过多意义时，你的杏仁体就不会即刻对你想法中出现的简单意思做出反应；你的前额叶皮层也会以不同的方式做出反应。它知道没必要不断制造喋喋不休的想法和可怕的假设图像。通过持续的冥想（或不加评判地观察你的灾难化反应），你的大脑获得重塑，你的杏仁体会缩小，使之在负面思维突然出现的时候，它不会立即进入到战斗—逃跑—静止模式。

👉 在 1 到 10 的范围内，评估你继续学习重塑大脑，使之减弱灾难化反应的能量的优先级。

关键要点

痛苦反应是你对不愉快事件的直接反应，就像割破皮肤时你会感到身体疼痛一样。它们是生活中的事实，就像你在水里会被弄湿一样。灾难化反应是你面对负面经历的负面想法和评判，它只会让你感觉更糟。通过正念练习，你对负面经历的反应会减少，内心的感觉会更踏实，不那么焦虑。

第五章

培养韧性

戴夫酷爱打网球。他热爱这项运动，并不断寻求机会提高自己的球技。他总是向教练请教可以帮助他提高球技的建议，同时努力寻找更多的训练时间。教练告诉他，他可能有资格入选一个正在组建的球队，但大多数球员的水平都比他高；他将不得不放下自负，并要经常忍受输球的境遇。戴夫花了一些时间考虑这个机会。他必须诚实面对自己输球时会感到的不舒服，以及当他感到自己很差劲时他是多么容易让自己精神紧张。然而，他对这项运动极其热爱，很想成为那个球队的一员。他非常纠结，决定给自己几天时间，认真分析加入这个更高级别的小组的利弊。经过长时间的深思熟虑，戴夫意识到，他永远都不会准备好面对自我感觉不好、不如其他球员的风险，但这并不意味着做这件事是错的。他决定忍受不可避免会出现的不舒服的想法和感受。他觉得，为了达到更高的球技水平和实现自己的目标，这些都是值得的。

迦勒也酷爱网球。他从很小的时候就在这项运动上投入了大量的时间和精力。除了多年参加网球训练和相关课程之外，迦勒还非常有运动天赋，他能很快掌握新的技能。网球以及生活中的许多方面对他来说都很容易，他不需要特别努力就能取得成绩和进步。不过，迦勒最近在网球运动方面发生了一些状况：他感觉遇到了瓶颈，就好像撞上了一堵墙，找不到运动的感觉。他和教练谈到他最近不尽如人意的表现。教练建议他参加的球队和他心里想的一样，他需要在一个更具竞争性和挑战性的环境里打球，这样他的球技才能不断提高。他的教练给了他和戴夫同样的警告——他会与更高水平的球员竞争，必须做好一开始就会输球的准备。迦勒说他会好好考虑后再回复教练。迦勒花了很长时间想象自己可能会损失什么以及最差情况下的出路。一想到和其他球员相比他可能是较弱的球员之一，他就感到很难堪和生气。当担忧和不确定性占据上风时，他晚上开始出现入睡困难。白天的时间也好不到哪里去，他的大脑一直在飞速运转，一遍又一遍地重温同样的担心。在经历了一个星期无休止的折磨之后，他告诉教练他将放弃这个机会，继续在现在的球队打球。做出这个决定后，他顿时感到如释重负。但这种舒服感并没有持续太久。大约一天后，他开始后悔自己做出了这个决定。他总是忍不住回想自己错过的机会，但同时也无法想象在迈出下一步时将如何挺过挫败的感觉。他感到困顿和绝望，想不出摆脱困境的方法。

如果是你应对生活中令人挫败的时刻，你会更像戴夫还是迦勒？思考这个问题的一种方法是回顾你在过去几周经历的具有挑战性的时刻，并评估它给你带来了多少痛苦和不适感。

☞ 回忆一个你最近经历的令人沮丧的时刻。你当时在做什么？你和谁在一起？是什么时候发生的？

☞ 描述你在面对这种困难情境时的感受。

☞ 从1到10，给你在这次经历中最令人挫败的时刻所感受的最痛苦水平打分。

☞ 你认为一般情况下人们会如何处理你刚才描述的情境？尝试询问一些朋友或家人，如果他们遇到同样的情境，他们觉得自己会有多痛苦？和他们所说的痛苦程度相比，你感受的痛苦是多还是少？

毫无疑问，你很清楚生活中充满了艰难时刻。我们没有办法回避这个事实。你可以尽力做正确的决定、努力工作、做正确的事，但在我们前行的道路上总会有阻碍。所以，尽管我们不能给你一个神奇的解决方案来彻底根除生活中的困难时刻，但我们可以帮助你在面对这些不可避免的挑战时，减少情绪上的痛苦。

正如你在前一章中读到的，情绪上的痛苦不只是由挑战性情境带来的直接痛苦组成。情绪上的痛苦既包括困难境遇带给你的痛苦，也包括你对这种境遇做出的情绪反应。

例如，如果你的脚趾踢到东西上，你不可避免地会体验到疼痛感，对你可怜的小脚指头来说这真是钻心的疼痛。但是如果你对自己大喊大叫并告诉自己应该更小心，或者你沮丧地跺脚，或者更糟糕的是，由于特别生气，你一拳打在自己的手臂上，那么你所感知的总体痛苦远超以下情形：（1）感受到难以忍受的瞬间疼痛；（2）提醒自己慢一点；（3）继续生活，更好地关注你所处的环境，不断前行。

在上一章中，你学习了正念练习如何帮助你从痛苦中解脱，减少你的痛苦感。正念练习可以帮助你的大脑变得更有韧性。韧性是一个超级重要的工具，它为你提供克服困难的能力，使你不会被一大堆不适感困扰而脱离生活的正轨。当你锻炼自己的"韧性肌肉"时，你不会被挑战压得弯曲变形，而是能反弹回来。重塑你的大脑以增强这些能力将帮助你成功面对不适感，从而减少你的整体情绪痛苦。韧性并不意味着你享受或乐于寻求困难，但它确实意味着当困难不可避免地出现时，你对自己管理、应对和克服困难的能力充满信心。

韧性和大脑

大脑运转的方式是奖励你找到让你感觉良好和安全的情境。同样，你的大脑向你发送信号，是促使你避开不舒服和有潜在危险的情境。对有利和有害情境的记忆会在大脑中被称为伏核的区域进行处理，这是释放多巴胺的区域。多巴胺在我们大脑的很多功能中都发挥作用，包括睡眠、运动、动力、奖励、记忆、唤醒和注意力等方面。当面临潜在的令人痛苦的情境时,多巴胺会预测什么可能让你感觉好或不好,并促使你采取相应的行动。它提醒你过去经历类似的时刻时是多么受益或多么不舒服,并鼓励你现在和未来走向快乐而不是痛苦。

当你处于不舒服的境地并选择退避时,多巴胺会充斥你的大脑。你的大脑通过大量提供这种让人感觉良好的化学物质来奖励你的回避行为。如果来自伏核区的信号能发声,那么听起来它会像这样说:"来吧!你刚刚躲过剑齿虎!你应该得到特别的奖励,是你让我们能活下来,如此迅速地逃离危险境地。我要把大量的、多汁的多巴胺作为礼物送给你。你下次遇到这种情况时就会记得逃跑是非常重要的。尽情享用吧!"

到目前为止,所有这些听起来都相当公平有效。当你趋向快乐和安全、远离痛苦和潜在危险时,你的大脑就奖励你多巴胺。这种大脑运作方式的不利之处是什么呢?

当你大脑里的多巴胺泛滥时,你的前额叶皮层很难介入并进行逻辑思维的工作。研究表明,当多巴胺水平很高时,你的多任务处理能力、涵容各种矛盾想法的能力会大大降低。所以,在多巴胺诱导的状态下,你更有可能将误报当成真正危险的情况,从而错失教导你的大脑认识你有多强大和能干的良机。你现在知道了,你的大脑越认为你是脆弱的,就会越频繁、强烈地在将来拉响危险警报,让你持续经历越多的焦虑。

不幸的是,这个过程也助长了我们对自己的负面信念。你可能开始想,我必须避免不适感,因为我不能处理它(即使你真的可以)或者我很软弱(即使你不是),因为你不能观照这些感受的信念一直在不断得到强化。是你的大脑搞错了,它只是简单依靠你过去多次试图避免不适感时的经验。

好消息是你的情绪大脑不是唯一的引路者。你还有前额叶皮层,它负责指导你选择面对还是逃避的行为和情境。你可以训练和强化你的前额叶皮层,使它作为你的韧性教练,指导你度过不舒服和痛苦的状况。

本章中用以重塑大脑的练习将帮助你的前额叶皮层更有效地指导你度过充满挑战的时刻。持续锻炼你的"韧性肌肉"将使你的前额叶皮层更快地接收和广播这样的信息:"是的,你面临的情境是困难和不舒服的,但你可以搞定它们。你明白了吧?即使你的情绪大脑告诉你并非如此!"

我们并非天生都拥有相同的韧性

为什么有些人看上去能轻松应对挑战,而有些人在面对类似的困难时却感到崩溃?答案包括遗传因素、过去的经历以及我们对自己和对特定情境的信念。

让我们首先聚焦在你来到这个世界时所自带的基因。研究表明，婴儿对周围世界的反应方式告诉我们：人生来就具有不同水平的韧性。当一些婴儿饿了或累了的时候，他们几乎不会哭闹；而另一些婴儿稍有不适就痛苦地哭嚎。评估这些更敏感的婴儿处理痛苦时的研究表明，他们会产生心率的变化、表达恐惧或痛苦的情绪以及想尽各种办法逃避。高度敏感的孩子更容易在复杂、陌生或有太多动静的环境中感到不知所措。

环境与生理相互作用

如上所见，你在生命之初的基因构成就会影响你对不适感或新奇事物的反应。随着你的成长、与人和环境的互动，你的经历会持续塑造你的韧性。如果你成长在一个被温柔推动和鼓励的环境中，一直应对的是适合你年龄的挑战，你可能就在一直努力训练你的大脑，让它认为它可以应对不舒服的感受。相反，如果你成长在一个这样的环境中，你的大脑或者觉得太难以应对而回避困境，或者你被过分要求克服困难而忽视了不适感，那么你用以重塑大脑，使其更具有韧性的环境和机会就会大大减少了。

不管你的起点是什么，现在都是训练你的大脑，让它认识到自身多么有活力和能力的最好时机。重塑你的大脑以使之变得更有韧性的第一步是：提醒你的大脑和你自己，你在这一天中已经经历了多少不适感。对情绪痛苦过于担惊受怕是很正常的，就像人面对那些要不惜一切代价避免的事情一样。实际上，情绪痛苦与身体疼痛没有区别。它对我们发出一个信号，告诉我们发生了值得我们注意的事情，我们需要谨慎行事。从这个角度看，让我们考虑一下，我们在整个生活过程中能够处理多少不适感，以及我们有多大的能力去处理生活中不太理想的时刻。

练习13：你可以处理不适感

有助于重塑你的大脑，使其坦然面对不适感和对于不适感的恐惧情绪。

所需时间：只需片刻反思。

找一个安静的地方，在那里，你可以真正专注于重塑你的大脑。经常想一想你经历的不舒服的感觉，回想一下上个月你是否发生过以下的事或有过以下任何一种感觉：

- 感觉热；
- 感觉冷；
- 纸划伤手；

- 头痛或偏头痛；
- 脚趾被撞；
- 撞头；
- 感冒或流感；
- 骨折或扭伤；
- 食物中毒；
- 打针；
- 牙齿治疗；
- 剧烈运动期间或之后的不适感。

☞ 你是否足够坚强地忍受这些不舒服的感觉，并在你的生活中继续前行？

下次当你脚趾踢到东西或有任何其他形式的身体不适时，审视你的身体并真正感受一下这些痛苦的感觉。当你感觉到情绪上的痛苦时，也如法炮制。它们有何不同？它们有何相同？记录下你的心得。

这个练习如何重塑你的大脑？

当你学会识别情绪痛苦就像你识别常经历的其他痛苦一样，并可以对它们进行有效的日常管理时，

> 你就在重塑你的大脑,并意识到它已经多么有韧性。
>
> 这个练习将教会你的大脑不需要太高看情绪痛苦,以免把它看得太强大而无法应对。你正在重塑大脑,使它像对待其他输入大脑的数据一样看待情绪上的不适感,这会帮助你更有效地成长。

当情绪上的痛苦变成长期折磨时

当你试图回避那些无法逃避的情绪痛苦时,它会转化为长期的折磨。就像你拼命奔跑以图摆脱你的大脑一样,无论你怎么跑,你的大脑仍跟着你。当你试图摆脱你的情绪痛苦时,你的杏仁体就会来到你身边,并且努力地完成它的工作,即向你发送已被你的大脑确认的重要信息。当你试图躲避关于痛苦的信息时,你的大脑会发出更响亮、更强烈的信号,以确保你收到它。

想象一下,你的好朋友正要喝一口看上去非常诱人的饮料,但你知道它含有毒药,你会多么想告诉他赶紧放下饮料?想象一下,你一直试图让他知道他处于危险之中,但他却开始逃离你,捂住耳朵，拒绝接受你对他的警告。你难道不会更大声、更急切地喊，以便你的朋友可以听到你的信息吗？

当你试图回避或摆脱情绪痛苦时，你的大脑会不断提高信号强度以帮助你生存。不幸的是，这造成了恶性循环：

情绪痛苦 →回避 →更多的情绪痛苦 →更多的回避 = 不断增加的长期痛苦。

关于情绪困扰的灾难化信念

正如我们已经讨论的，我们通常感觉更有能力去处理身体不适，而不是情绪不适。与我们合作的青少年经常谈到，他们可以忍耐所有不舒服的身体状况，如果这意味着他们不再需要对付焦虑的话。在最近的一次会议上，一名青少年说："如果我只是应对摔伤的腿甚至有毛病的心脏，而不是这个可怕的焦虑就好了。任何事情都比感觉如此糟糕要好。"

如果你害怕并回避情绪上的不适远远超过身体不适，很可能你对情绪痛苦的经历持有灾难化信念。

下面这些常见的灾难化信念都是不准确的。

○ **有关情绪困扰会影响功能的信念**

· 我会失去它（或失去控制）。

· 如果我让自己感觉到痛苦，我会丧失功能，无法应对。

○ **有关情绪不适非常糟糕的信念**

  · 我会挺不住的。

  · 这会（或将会）非常糟糕。

○ **有关对情绪困扰的处理能力的信念**

  · 我应付不来。

  · 痛苦是无法忍受的。

○ **有关情绪痛苦的持久性的信念**

  · 我感觉永远不会好起来。

  · 这是我的新常态。

○ **有关对外界情绪痛苦的评判的信念**

  · 其他人会因为我感觉如此糟糕而认为我很软弱。

  · 当我感觉如此糟糕时，我不能和其他人在一起。

持有这些信念的挑战在于，它们增强了杏仁体对情境造成的情绪不适感所产生的恐惧反应。当你的前额叶皮层向你的杏仁体发送这些灾难化信息时，杏仁体会假设你一定是处在危险之中并做出担惊受怕的反应，否则你为什么会在内心尖叫，并出现类似于"这太糟糕了！我处理不了！"的想法？正如你所知，当你的杏仁体确定你处于危险中时，它会启动战斗—逃跑—静止模式，这在你面对一只野兽想逃跑时是非常有用的，但是对于处理你错过公交车或者放错你最喜欢的衬衫的情境反应就不太有效了，让人感觉不太舒服。

📖 或 💻

练习14：挑战你对情绪不适的灾难化信念

有助于重塑你的大脑，对即将到来的考验经常做出极端反应且触发焦虑预测。

所需时间：一整天。

灾难化信念会助长你对情绪困扰的恐惧，现在你对这一点更清楚了。接下来，你该为自己所面临的挑战提供更现实的评估。通过给自己提供有关你该做什么及有能力做什么的更现实的预测，你将会重塑你的大脑，以修改你的前额叶皮层发送到杏仁体的信息，从"我处理不了这个问题"到"虽然这很难，但我会挺过去的"。通过这种更平衡的评估，你的杏仁体会降低对战斗—逃跑—静止模式的反应，你的焦虑感就会减少。

接下来的一天，请留意在考验到来时你的大脑里出现的想法。为了记录这一天中你大脑的首选反应，你可以从 http://www.newharbinger.com/43768 下载工作表，或将它们写进你的日记中。

首先，描述令你感到痛苦的情境，观察并将你脑子里出现的所有灾难性反应都记录下来。接下来，在 1 到 10 的范围内，给你的整体痛苦水平打分。

对于你写下的每一个想法，试着提供一个更符合实际的预测：对令人痛苦的情境以及你应对该情境的能力，给予平衡的、基于事实的解释。再次评估你的整体痛苦程度。

☞ 当你面对痛苦情境，把前额叶皮层提供给你的灾难化反应当作事实时，你感觉如何？

☞ 当你面对痛苦情境，提供给自己一个更平衡、更现实的评估时，你感觉如何？

☞ 当你的前额叶皮层开始对你应对挑战的能力提供不那么悲观失望的预测时，你的杏仁体是否会平静下来？

> **这个练习如何重塑你的大脑?**
>
> 这个练习帮助你在不适或陌生的情境中,练习激活更合理、更现实的想法,而不是陷入负面想法中。当你的杏仁体得到新的、更现实的信息时,你就会以更少的恐惧和更多基于现实的方式做出反应。一旦你的前额叶皮层符合逻辑地重新定义了情境,你的杏仁体就会得到它可用以处理不适情境的信息(而不是红色警报)——你正在重塑你的大脑,使它更容易激活你的前额叶皮层,去思考对情境的更现实的预测,这个情境可能最初令你的杏仁体敲响警钟。有了这些现实的预测,你会更冷静地处理杏仁体发生的恐惧警报,并继续应对你面对的情况。

寻找不适

为了增强你的韧性,等困难自然出现时再练习和主动寻找更多机会去练习同样重要。是的,你没看错,我们事实上鼓励你让你的生活稍微困难一些。经过这样的训练,你将进一步重塑你的大脑对不适感的免疫力。有意让自己面对挫折就像接种疫苗。当你接种疫苗时,你的体内会被放入小剂量的病毒或细菌。接种疫苗后,你的身体将使用你与生俱来的杀菌工具来防止你感染。一旦你的身体学会抵抗这种感染,你的免疫系统会记住它所学到的,以保护你将来免受这种疾病的侵袭。同样,通过提供给你的大脑一点韧性挑战,它将快速学习并记忆,以便处理生活中更艰难的时刻。

练习15:训练你的大脑,使它更有韧性

有助于重塑即刻拒绝困难或不快感的大脑。

所需时间:A部分和B部分共需要15分钟。C部分每天重复,共做10天。

A部分:在你的日记中,记下生活中各种让你感到沮丧或生气的事情,例如:迟到、让自己尴尬、弄脏你最喜欢的衣服、不得不在车里听妈妈放的可怕音乐等等。试着想出至少十件事情。

B部分：对于每件事情，尝试想出一个能带给你中等痛苦程度的练习——在1到10分范围内大约为5分的痛苦——并预测你痛苦的分值。下面这些示例可以帮助你完成这部分练习：

- 迟到——迟到5分钟到足球训练场（预测痛苦程度：6分）；
- 让自己尴尬——独自一人进入一个谁也不认识的商店（预测痛苦程度：4分）；
- 弄脏我最喜欢的衣服——不小心在我最喜欢的衣服上点上了墨汁（预测痛苦程度：6分）；
- 不得不在车里听妈妈放的可怕音乐——强迫自己听5分钟，而不是立即戴上耳塞（预测痛苦程度：5分）。

C部分：在接下来的10天里，你的任务是每天处理一个挑战。用日记本记下你的想法、感受和反应。在你处理每个挑战时，记下你的实际痛苦程度，并将其与你预测的痛苦程度比较。

总的来说，是更高还是更低？你觉察到了任何模式吗？是否有些挑战比你预期的更容易，有些却更加困难？

这个练习如何重塑你的大脑？

这个练习可以激活你的前额叶皮层和杏仁体，加强你的大脑网络的韧性。当你积极主动地寻找不适感时，你的大脑会学习到情绪困扰不是"敌人"，现在没有生存威胁——你仍然是安全的！你的大脑通过发出恐惧警报对可能到来的情绪痛苦做出反应，而这种反应又会进一步增加你本来想要回避的情绪痛苦，结果陷入恶性循环。通过反复体验这些你自愿感受的不舒服感，你的大脑就打破了这个循环模式。通过做这个练习，你不断重塑大脑，使之不做出过度反应，并且让大脑知道它能处理不舒服的感受和困难的处境。

☞ 在 1 到 10 的范围内，评估你继续练习重塑大脑以保持韧性和有效脱离困境的优先级。

关键要点

在本章中,你了解到人们并非天生具有相同的韧性,但你可以重塑你的大脑,以更好地应对生活中的困难时刻(无论你的起点是什么)。通过做练习,你正在训练你的大脑理解你是多么有力量、有能力。你的大脑能够掌握这么重要的一课,不是通过我们讲授、有多强大和多好,而是通过它不断真实地体验小的不适感和小挫折——以及它可以挺过来的经历!

你现在拥有了有用且有效的工具和训练方法,可用以帮助你穿越生活中充满挑战的时刻。你懂得了,对抗固有的痛苦反而会增加情绪痛苦,而这种固有的痛苦本是人生经历中不可避免的一部分;你也懂得了,通过敞开心扉接纳不适感,而不是与之抗争,你就能降低情绪痛苦。

第六章

转变视角

第四节课下课铃声响起,大家涌入走廊,各自走向自己的储物柜、朋友们或第五节课的教室。迈克尔神采奕奕,冲几个朋友咧嘴笑着,并设法引起他喜欢的女孩的注意。他注意到一个朋友走过时没有和他对视,但他什么也没多想,他猜想他的朋友只是被即将到来的考试分散了注意力。

与此同时,丽莎走在同一个走廊里却感受到了一股敌意。她看到了眉头紧锁的面孔,听到有人评头论足,她发誓她听到一些女孩在她经过时低声说到她的名字。当她喜欢的男生走近时,他只顾盯着自己的手机屏幕。丽莎感到自己被拒绝因而胃部阵阵发紧,以至于她完全错过了那个男孩抬起头看到她并冲她招手的那一幕。她试图在下节课的教室外与一位朋友交谈,但这位朋友既没有冲她微笑,也没怎么回应她。丽莎感到自己的胃打成了结,她担心朋友不知什么原因正在生她的气。

到底发生了什么?是不是迈克尔更受欢迎,而丽莎没有那么多朋友?不对!不同之处在于迈克尔拥有我们通常所说的积极倾向,这意味着他的大脑倾向于注意到积极信息而不是消极信息,他也不会将中性信息解释为消极信息。他会立刻注意到笑脸,当一位朋友看起来很冷淡的时候,他也不会认为对方是针对他的。相比之下,丽莎拥有更多的消极倾向。受她的焦虑情绪的影响,她总是会注意到周围所有潜在的消极事物,并错过积极的方面。与迈克尔不同,丽莎看待一些不明确的事件时会认为都是针对她的、消极负面的；例如，当她朋友没有笑的时候，她就认为对方生自己的气了。事实上，她的朋友是为自己家里的生活感到压力，因为她父亲最近酗酒越来越严重。这本来与丽莎无关，但丽莎不知道这一点，她总是想最坏的情况，因此，她的焦虑会变得越来越严重。

消极倾向和大脑

你知道吗？从进化角度看，人类很容易陷入消极面而错过积极面。想想我们的穴居祖先——他们的生存取决于他们仔细观察不良环境的能力（那些不良环境可能会要了他们的命！）。当人类关注剑齿虎而不是它藏身的灌木丛中多汁的浆果时，人类的存活率会大大增加。即使大脑经过多年的进化，我们仍然拥有那个古老的倾向：我们往往更关注潜在的威胁。当然，我们中的一些人（比如丽莎），对威胁的关注远多于其他人（比如迈克尔）。

今天，我们通常不需要像穴居祖先那样对迫在眉睫又致命的威胁保持那么高的警觉。我们现代人的大脑更加复杂，我们的高阶认知过程（特别是前额叶皮层）会对消极信息进行理解和分析，而不是立即反应。但对于我们当中的一些人来说，即使在没有什么会严重威胁我们安全的情况下，他们的大脑还是很容易被消极负面的事物带跑，好像周围世界对他们都是不利的。

好消息是还有另一种方法。你可以重塑你的大脑，让它少关注误报，多关注积极信息。通过多做练习，你的注意力将从负面转向正面，从而减少你的焦虑。事实上，研究表明，在这种重塑练习中，当你经常有意识地积极关注的时候，你的前额叶皮层左侧会被更多地激活。所以，通过练习，你可以改变你的心理习惯！随着更多地积极关注，你可以与朋友、家人、宠物以及你自己进行更有意义的互动，而不会陷入恐惧和自我怀疑。你可以专注于自己做得好的方面并感到更加自信。

在我们开始练习以帮助自己把注意力集中在积极方面，从而降低焦虑之前，回顾更多来自这个领域的科学成果会很有帮助。

研究一再表明，当人们焦虑时，他们会更关注消极信息，忽略积极信息，甚至将中性信息解释为消极信息（这是拜我们的穴居祖先所赐！）。有一个经典的案例：当研究人员给参与者展示不同面孔的照片时，焦虑的人往往在众多积极的面部表情中，一下子就被唯一消极的面部表情所吸引。更有意思的数据来自中性的面部表情，焦虑的人更可能将中性的面部表情解读为沮丧或恐惧，而不焦虑的人更有可能认为这些面孔是中性的甚至积极的——比如说，这个人看起来很平静。你可以想象这些倾向对日常生活的影响：当你穿过学校大厅时、在校车上与人交谈时、在课堂上发表演讲时或从老师那里获得反馈时。

你可能会想：忽视消极面而仅关注积极面是不是有点妄想？消极信息很重要、很真实，我可不想成为一个肤浅的人：只想着一切都是幸福美好的，而不管实际发生了什么。

对此，我们会说，你说的不错！我们的想法和你是一样的。消极信息是非常重要和真实的。如果一只熊马上要从树丛里跳出来攻击你，你不会想让自己确信，灌木丛中的沙沙声毫无疑问是来自一只松鼠。如果你的朋友真的对你很失望，你不会想走来走去并击掌庆贺，假装一切正常。作为治疗师，我们觉得我们有责任对我们的患者诚实，我们不想欺骗任何人。

这里要记住的关键点是，如果你感到焦虑，那你在处理信息的时候就有很高概率会倾向于过度消极。你可能更像丽莎而不是迈克尔，容易错过同样存在的积极信息。比如丽莎没有注意到她喜欢的男生冲她挥手，比如她会误读一个不明确的情境，就像当她的朋友看起来很沮丧的时候，她会从消极方面和针对自己方面去解读。

是否有可能确保你对所有信息的处理都是准确的，永远不会将其解释为过于消极或过于积极？当然不可能。你的焦虑会喜欢你有确定感，但生活不是那样运作的。

相反，你必须考虑，到目前为止，你的生活过得怎么样？你是否比你想要的状态更焦虑？你认为你倾向于关注消极信息吗？如果是这样的话,那么你错过积极信息的概率比忽略消极信息的概率要高得多。你是自己生命的管理者,我们敢打赌,通过挑战自己的消极倾向,你会发现自己变得不那么焦虑,感觉更踏实,甚至比以前更能准确地评估周围的世界。

常见的消极倾向

焦虑的人通常还会在许多其他的消极倾向中挣扎,而自己往往意识不到。下面这份清单包括一些常见的消极倾向,来自我们帮其克服了焦虑的青少年:

· 过分担心朋友对你的负面评价;

· 因在考试中漏掉一个问题而自责;

· 过分在意自己错过射门/进球/传球或丢球的时刻;

· 认为朋友的沉默是针对你的,并认为朋友在生你的气;

· 父母吵架时过分关注,担心他们会离婚;

· 当你迷恋的对象看起来对你不那么感兴趣时,你会感到被拒绝;

· 怀疑人们在说你的闲话或坏话。

接下来的三个练习都涉及你的消极倾向。你可以使用日记本或从 http://www.newharbinger.com/43768 下载工作表,从中你还可以找到完成的样本。

📖 或 💻

练习 16a：识别你的消极倾向

有助于重塑你的大脑，使其在关注消极方面、忽视积极方面时获得帮助。

所需时间：约 10 分钟。

在一页纸上竖着画三条线，将其分成均匀的四栏。在第一栏中写下你的消极倾向：你在生活中倾向于关注消极因素的方式，包括你刚刚阅读的上面所列的常见内容，并添加其他对你来说更准确的内容。尽量列出你能想到的内容，暂时将其他三栏空着。

这个练习如何重塑你的大脑？

如果你能更好地了解自己的消极倾向，在你焦虑时就会对大脑如何解释情境有更多的觉察。当你运用更高级的思维技能努力识别缺失的积极信息时，你的前额叶皮层的功能就会增强。通过做这个练习，你正在重塑你的大脑，以便更好地了解什么时候你的消极倾向正在占据主导地位。

☞ 在 1 到 10 的范围内，评估你想继续认识和了解你的消极倾向的优先级。

📖 或 💻

练习 16b：挑战你的消极倾向

有助于重塑习惯于消极解释情境和事件的大脑。

所需时间：10—15 分钟。

继续使用你在日记中创建的或在练习 16a 中下载的工作表。在第一栏中，你已经列出了一些你生活中的消极倾向。在第二栏中，在每个消极倾向后面，至少写出一项对你的生活产生的影响。

例如，关于"过分担心朋友对你的负面评价"这一消极倾向，你可能会想到以下影响：

- 感到焦虑；
- 花时间在脑海里回想过去与该朋友的对话；
- 心神不定，难以专注于课业，有时学习成绩会更糟糕；
- 很难入睡，因为总在担心朋友说的那些话；
- 和朋友们在一起时，乐趣会减少，因为我总感觉很担心，不想让事情变得更糟；
- 态度恶劣地和父母讲话，因为朋友让我感到压力。

如果你能想出更多影响（我们打赌你能！），那就更好了。

现在，在第三栏中，至少列出一项：如果你挑战每个消极倾向，你的生活就会有所不同。作为提示，你可能会看前一栏，并考虑如何扭转这些事情。例如，你可能会想出：

- 不用感到那么焦虑；
- 花更少的时间在脑海里回想过去与朋友的谈话，花更多的时间做我喜欢的事情；
- 能够更好地专注于课业，争取获得更好成绩；
- 更容易入睡；
- 在朋友身边玩得更开心；
- 少与父母争吵，因为我不那么紧张了。

如果你在任何点被卡住了，可以停下来问问自己：如果我的朋友处于这种情境，我会跟她说什么？例如，如果你知道你的朋友太看重另一个朋友对她的负面评论，以致她都失眠了，和大家一起玩的乐趣也减少了，那么你可以告诉她，如果她能挑战这种消极倾向，她就可能会睡得更好，更享受和朋友们在一起。我们通常更善于给别人建议而不是给自己建议，所以当你感到被卡住时，这可能是一个很好的应对技巧。

当然，如果你被卡住了，你也可以直接问问朋友们他们是怎么想的！向他们说明这个练习，并让他们参与你遇到困难的部分。你可能会发现，他们也想为了自己的生活而做这个练习，那就邀请他们一起练习吧。每个人都会有一些消极倾向，和朋友们一起做这个练习不仅可以帮助你更清楚地了解自己，还可以帮助你感觉不再孤单。

这个练习如何重塑你的大脑？

你正在使用大脑的逻辑部分来确定：如果你挑战自己的消极倾向、减少自己的情绪反应，你的生活会有什么不同。将注意力转移到消极倾向，需要利用你的前额叶皮层向杏仁体发出慢下来的信号。这样，你可以开始重新训练你的大脑，加强神经通路，在逻辑和情绪之间取得更好的平衡。

你的前额叶皮层是各种超级有用的技能的大本营，例如计划、组织、记忆、注意力和自我调节能力，这些能力构成了执行功能的组成部分。当你停顿下来后，不仅能思考要挑战你的消极倾向，还能思考生活可以有何不同，这时你就在运用这些技能。通过做这个练习，你正在重塑你的大脑，将逻辑和推理能力结合起来进行长程的思考，而不是让当下的情绪告诉你如何过你的生活。

回顾一下你的情绪大脑（杏仁体）和你的思维大脑（前额叶皮层）。你已经知道，你的情绪有时候会过度驾驭你的理性，这会让你更难享受和充分投入你的生活。记住，当遇到误报时，你的情绪会驾驭你的理性，你的前额叶皮层就无法使用逻辑思维。我们真正的目标是让双方可以彼此沟通。

在真正有威胁的情况下，你仍需要杏仁体被激活而让你感受到恐惧，你也需要前额叶皮层帮助你合乎逻辑地思考，这样你才能获得安全。你的前额叶皮层和杏仁体互相提供有用的信息，但你的前额叶皮层提供给杏仁体的逻辑信息（你的朋友没对你微笑，可能是因为她对自己生活中的某些事情感到压力），不如你的杏仁体向前额叶皮层传递的情绪信息（你的朋友因为你做的事而在生你的气）那么迅速。

我们知道，这对青少年来说尤其如此。在一项研究中，青少年和成年人同时识别面部表情，脑部扫描显示，青少年更有可能依靠他们的杏仁体来处理他们的情绪感知，而成年人则使用他们的前额叶皮层。有趣的是，青少年的回答大多都不正确！他们会误认为脸上的情绪是震惊或愤怒，而不是正确的答案恐惧（虽然我们讨厌这么说，但成年人大多都说对了！）。但随着青少年年龄的增长，研究人员发现，他们开始从本能地激活杏仁体转向利用前额叶皮层理性分析。

☞ 在 1 到 10 的范围内，评估你继续学习重塑大脑以帮助你看到事物全貌的优先级。

📖 或 💻

练习16c：确定你的消极倾向的危险地带

有助于重塑会在某些情境下自动发送消极想法的大脑。

所需时间：约 10 分钟。

挑战消极倾向的下一步是识别它们最有可能发生的情境，这样你就可以在进入这些危险地带时预先做好计划。在你的日记本或你下载的工作表中的最后一栏，写下消极倾向最常出现的危险地带。这个危险地带可以是一个人、一个地点或任何其他经常触发消极倾向的点。

例如，你可能注意到自己有时会过分看重其他人对你的负面评价，但实际上这只发生在你与一位特定的朋友或某位老师的关系中。在这种情况下，与那个朋友或老师谈话会是你需要当心的消极倾向的危险地带。你可能会注意到，每当你在走廊里经过一群特定的女孩时，就是一个你担心她们在议论你的危险地带。或者有一段时间你睡不好的时候，也可能会促发你严重的消极倾向，醒来时你感到很疲惫则是你处于危险地带的标志。

这个练习如何重塑你的大脑？

你的大脑会将过去的经历储存在你的长期记忆中，以便你下次遇到类似的经历时，你已经准备好了以最快的方式提取这些重要信息。因此，你的前额叶皮层会根据特定情境为你准备好，或以自发的模式，去感受或处理这些事件。

在你还没有意识到的时候，你可能已经进入了消极倾向的危险地带。觉察到你的危险地带有助于<u>重塑你的大脑</u>，以减缓陷入消极倾向的自发过程。你将当下的实际体验与过往经历、消极倾向发出的警告分离开来，这样，你就可以在消极倾向绑架你之前击退它。通过做这个练习，你可以重塑大脑，以更好地觉察你的消极倾向容易出没的地方。

👉 在 1 到 10 的范围内，评估你继续学习觉察你的消极倾向的优先级。

现在，你知道了自己的一些消极倾向、它们会如何影响你的生活，以及它们最有可能发生的地方，那么你应该做什么来挑战它们？关键步骤——这个小技巧可以大大减少你的焦虑——就是暂停，然后找出一条你可能遗漏的积极信息。在此，我们的目标不是粉饰太平、说服自己有些事情可能比实际情况更积极，而是要认识到，作为一个有些焦虑的人，你很容易过度专注于消极状况。你要挑战的是这种倾向。

正如我们将要解释的，令人惊奇的部分是：你甚至不用非得相信积极信息，它就能有所帮助。学学质疑消极的无意识思维过程这个行为就会有助于转变你的神经回路，让你以更平衡、更现实的方式看待事物。

练习17：挑战你的消极倾向

有助于重塑难以反驳消极想法的大脑。

所需时间：20分钟。

回到本章前面的常见消极倾向列表。对于每个消极倾向，你都可以提出一些我们可能会错过的积极方面。例如，对于"过分担心朋友对你的负面评价"，你可以说那个朋友至少在你们的谈话中也说过一些积极的事情；或者也许这位朋友的确说了些刻薄的话，但那只是因为她出于嫉妒。现在，你看到了我们是怎么做的，尝试将此过程应用于列表中的每个示例。

注意：除非有帮助，否则你不需要写下你的答案。尽管我们已经在这个练习之后列出了一些可能的答案，但其实并没有所谓的正确答案。重要的是，你在查看我们的答案之前，先让你的大脑热身一下。

当你完成热身后，回到你在练习 16a—16c 中完成的工作表，并想想你可能错过的积极方面。

继续做下去，每当一个消极想法出现在你脑海中时，就质疑自己，并记住你想出的积极信息。以后每次当你可能进入一个消极倾向的危险地带时，准备好让自己当心消极倾向，然后停下来找一些你错过的积极信息。

一旦你学会了这个练习，我们鼓励你用它来处理一个正在影响你的消极想法。

这个练习如何重塑你的大脑？

克服消极倾向的最好方法是质疑它们，哪怕只是简短地质疑。当你这样做时，你的杏仁体就能安静下来，你的前额叶皮层就能开始行动，为你的大脑提供不同的视角和观点。即使这些观点看起来不像是合理的解释，也能降低消极看法带来的强烈情绪和恐慌。拥有多种视角和观点（即使是很短的时间！）会重塑你的大脑，激活前额叶皮层，并强化更多的神经通路，可以使你在下次看待事情时有所不同。

☞ 在 1 到 10 的范围内，评估你想继续学习反驳你的消极想法的优先级。

可能的积极答案包括：

• **因在考试中漏掉一个问题而自责**

尽管漏答了一道题，我也可以获得高分（我也可以通过许多考试）；和老师讨论漏答的问题可以加强师生关系，帮助我在班级中获得更好的整体成绩。

• **过分在意自己错过射门/进球/传球或丢球的时刻**

我可以回忆我所有的射门/进球/传球，或者我的球队赢得的所有比赛；即使我这次没能射门/进球/传球，我也可以专注于自身其他方面的进步，比如我跑得更快了。

• **认为朋友的沉默是针对你的，并认为朋友在生你的气**

可能朋友被自己生活中的某件事分散了注意力，他并不是对我生气；朋友对我爱搭不理可能是因为他嫉妒我；可能朋友根本没有意识到他自己行为异常。

• **父母吵架时过分关注，担心他们会离婚**

父母至今依然未离婚；他们最近在探索新的相处之道；健康的吵架是亲密关系中沟通的重要组成部分，实际上也是人们足够信任彼此从而可以表达真实看法的标志；即使他们真的离婚了，也依然有很多幸福、健康的离异家庭。

• **当你迷恋的对象看起来对你不那么感兴趣时，你感到被拒绝**

与我们合作的青少年可能错过了他们迷恋的对象发出的所有积

极信号,比如微笑或试图搭讪。很可能你迷恋的人对你感兴趣,但青少年往往对此感到特别害羞;或许你迷恋的人真的对你不感兴趣,但这最终会成为一件好事,因为这将使你可以自由地去和更适合你的人约会。

- **怀疑人们在说你的闲话和坏话**

人们可能在谈论某个与我们合作的青少年,但实际上说的是一些积极的事情。更多的可能是,他们根本就不是在谈论这个青少年。我们很难"反驳"过去已经发生的事情,但面对未来,与我们合作的青少年发现,注意到下面这一点很有帮助:在和你担心会说你闲话的人交谈时多注意积极的事物——比如他们的微笑,或者他们因为你说的笑话而开怀大笑,或者友善的眼神交流。所有这些积极的信息都会使与我们合作的青少年对于将来被议论变得不那么"偏执妄想"。

关键要点

如果你很焦虑,你可能有某种倾向,它导致你关注消极事件,忽略积极事件,甚至将中性事件解释为消极事件。为了重塑你的大脑,使之变得不那么焦虑,更平衡地看待世界,你需要练习以了解你的倾向和危险地带,然后关注那些一直被你忽略的积极信息。

第七章

缓解情绪

亚历山德拉的父母要外出休假几天，他们让亚历山德拉开车送弟弟波去上学。亚历山德拉几周以来一直为这项任务感到烦恼。虽然他们姐弟俩在同一所学校上学，但她最迟七点四十五分到校，而波只需八点到校。此外，她认为波是地球上行动最慢的人。波的走路速度像蜗牛一般，系鞋带时就像刚学走路的幼儿一样。他永远缺乏条理，和他一起出门感觉就像穿过龙卷风，纸片和各种东西满天飞。

在父母外出休假的第一个早晨，亚历山德拉试图早点叫醒波，以便给他多点时间来处理他的混乱不堪。毫不夸张地说，他的动作似乎比平时更慢，亚历山德拉觉得他是故意要逼疯她。她在房间里跟在波后面，提高嗓门让他再快点，可她叫得声音越大，他的动作就越慢。到了七点三十分，她开始以最大音量对他大吼。她的父母怎么可以离开，留给她这个不可能完成的任务？她感到自己的血液仿佛在沸腾，她唯一能想到的就是她有多讨厌波和她自私的父母。她觉得自己好像被困在一个悲惨的黑洞中。在那一刻，她觉得每一件事都不对。她被自己的愤怒、焦虑和绝望的情绪所淹没，她感到手足无措，不知道该做些什么来搞定当前的窘境，不知道如何度过这一整天，也不知道如何处理可能会伴随她整个人生的情绪。她已经很努力地想把一切都做好，然而像往常一样感觉一切都不对。在某种程度上，她知道自己是反应过度，即使上学迟到几分钟也不会是世界末日,但她就是无法摆脱那种愤怒的感觉。亚历山德拉真希望她能回到床上,醒来后发现一个全新的自己,要么她没有这个世上最爱磨蹭的弟弟,要么她有能力处理生活中令人感到挫败的时刻。

当奥莉维亚的父母外出时,她也被分配了同样可怕的任务,即当父母不在时,她负责开车送妹妹艾莉上学。奥莉维亚也计划了如何尽可能快地让艾莉出门。当奥莉维亚试图叫醒艾莉时,她妹妹拉过毯子蒙住头,尖叫着说她还有时间再睡五分钟。尽管非常沮丧,奥莉维亚还是花了一点时间做深呼吸,然后重新审视她可能的选择,她可以:(1)对艾莉大喊大叫让她起床;(2)给爸妈打电话;(3)在艾莉醒来前的五分钟里自己准备好出发。她也想到了每个选择的后果:大喊大叫会导致艾莉在床上待得更久,这会让她们更晚到学校;给父母打电话会打扰他们的假期;不停地折腾艾莉会占用更多时间——也会让她们迟到。让自己提前做好准备工作,直到艾莉醒来,这似乎是让她们可以按时出门的最好方法,所以她决定执行最后一个计划。

开车送弟弟妹妹上学这样的任务会令人感到挫败。当你看到亚历山德拉和奥莉维亚的处境时是否会产生共鸣?回顾你过去几周经历过的困难时刻,评估它们会带给你多大程度的痛苦和不适感;接下来,想想你的某个朋友或家人在生活中很平衡、很通情达理,你想象一下他们会如何处理同样的情况?

好斗的杏仁体

为什么有些人似乎可以轻松优雅地度过充满挑战的处境，而另一些人却迅速地失去了冷静？如前所述，焦虑程度较高的人往往拥有更好斗的杏仁体。他们会更快地受到惊吓，并对潜在的威胁做出更强烈的反应。与失控的焦虑作斗争表明你的杏仁体正在压制你的前额叶皮层。这么多有关各种威胁的信息同时涌入你的大脑，导致你的大脑会感觉壅塞，就好像你的计算机同时打开了许多窗口或你的手机上同时运行了太多的应用程序。试图马上同时处理所有这些信息往往是低效和低能的。

因此，更好地驾驭情绪的第一步是学习如何让你的杏仁体平静下来。一旦你的杏仁体降低一个档位，你的前额叶皮层就可以接管并运用更有效的技巧处理各种挑战。关键的问题是，你怎么能让你的杏仁体平静下来？

突击小测验：我的生活经验告诉我，让我的杏仁体平静下来的有效方法是：

A. 对自己尖叫：赶紧冷静下来！

B. 回避困扰我的话题或情境。

C. 深呼吸，然后做一个瑜伽姿势。

D. 以上都不是。

如果你的答案是 D，那么恭喜你！你离拥有更平静的杏仁体又近了一步。由于不同的原因，最常用的策略（选项 A、B 和 C）都不能有效地让你的杏仁体相信你是安全的。本章将教你如何侵入你的神经系统，关闭战斗—逃跑—静止模式的反应开关，并打开休息—消化的反应开关。通过学习如何降低身体的功能，你会获得一个大脑的遥控器，可用来降低你的焦虑和其他不适情绪的总量和强度。

身心连接

你可以利用身心连接改变身体向杏仁体发送的信号。你的神经系统是一个由神经和细胞构成的网络，它快速在身体各个部位之间交换信息。你的大脑和脊髓属于中枢神经系统，而你的周围神经系统由遍布全身的神经组成。在周围神经系统内是自主神经系统，它包括交感神经系统和副交感神经系统。自主系统控制关键的身体机能，例如心率、消化和呼吸。其中一些生理反应根据情况以相反的方式激活：交感神经系统激活你的身体进入战斗—逃跑—静止模式，副交感神经系统激活你的身体进入休息—消化模式。

当你的杏仁体认为你处于危险中时，它会激活你的交感神经系统并开启所有身体机能——比如增加你的氧气摄入量，加快心率——那会帮助你逃离燃烧中的建筑物，或在面临其他命悬一线的情况时帮助你逃生。副交感神经系统（即你的休息—消化系统）的任务是在你没有受到威胁的情况下，保存你的体能，管理你的身体机能。你的交感神经系统和副交感神经系统工作起来就像汽车上的油门和刹车。你的交感神经系统是让你兴奋的加速器，你的副交感神经系统是让你减速的刹车。

在这一点上，我们假设你更熟悉交感神经系统（战斗—逃跑—静止）的力量，而不是副交感神经系统（休息—消化）的镇静能力。本章将为你提供工具和练习来开启你的副交感神经系统。通过让你的身体平静下来，你会向你的杏仁体发送信号，表明这里很安全，没有危险。一旦你的杏仁体平静下来，你的前额叶皮层就能够掌控局面，并启动有效的问题解决方式，引导你穿越具有挑战性的地带。

平静你的身体以平静你的大脑

在治疗焦虑的前几节课中，我们总是问青少年，他们已经尝试过哪些策略来控制他们的焦虑症状。我们最常听到的回答之一是："我尝试过瑜伽和冥想这样的放松练习，但它们不起作用。"事实上，许多青少年告诉我们，试图放松只会让他们感到更焦虑。我们称这种现象为"放松引起的焦虑"。如果一个手拿武器的枪手站在你旁边大喊"除非你冷静下来,否则我就开枪了",你会感觉如何?有多大的可能让你的身体放松下来?当你绝望地想要放松或冷静下来时,这样做当然只会让你感到更焦虑。但是,如果你能采取开放和灵活的态度告诉自己,我想冷静下来,但即使我没有(或不能)冷静下来,我也没有危险,那么你离激活副交感神经系统和全身放松又近了一步。

缓慢呼吸:情绪的音量旋钮

让你的身心平静下来的最强大、最容易获得的工具就是调整你的呼吸。通过放慢呼吸,你可以激活你的副交感神经系统(休息—消化)。如果要摆脱误报带来的焦虑,你需要做的就是进行五分钟的缓慢呼吸,从而向大脑发送信号:"我们没有危险,所以没必要呼吸得这么快,消耗这么多氧气;现在无须逃跑也无须战斗,只需要很少的氧气就足以应付当前的情况。浅而轻柔的呼吸就够了。"

有些人发现,他们的大脑很快就会游荡到不同的主题上,或者专注于呼吸的行为会让他们对这种活动过于敏感,以至于他们的呼吸变得急促而有力。如果你发现自己在这两方面有困难,那么把呼吸加快和放慢的感受当作感官暗示,会对你保持专注有所帮助。

练习18：放慢呼吸，度过焦虑的时刻

有助于重塑你的大脑，以帮助降低身体的焦虑症状。所需时间：每天两次，每次5分钟，持续一周。

A部分：找一个安静的地方，你可以将注意力集中在呼吸上。在接下来的一周里，每天练习两次放慢呼吸，早晚各一次，每次5分钟，使用计时器（你的手机会很好用！）。

1. 将你的手轻轻放在肚子上，慢慢吸气3秒钟。当你的手随着肚子鼓起时，慢慢数1、2、3，想象着空气从你的腹部上升，穿过你的身体到达你的大脑，新鲜的氧气充满了你的大脑。

2. 轻轻地屏住呼吸3秒钟，1、2、3。

3. 缓慢呼气3秒钟，1、2、3。注意你放在肚子上的手随着呼气向下落。当你的嘴慢慢吐气时，你的嘴唇轻轻噘起。想象着氧气从你的头顶慢慢向下，沿着你的身体一直移动到你的脚底。

4. 轻轻地屏住呼吸 3 秒钟，1、2、3。

5. 重复以上动作。

使用你的日记本，或者也可以从 http://www.newharbinger.com/43768 下载工作表。在做练习前和练习后，在 1 到 10 的范围内给你的焦虑程度打分，并添加有关你的体验的任何注释。

B 部分：现在该真正使用缓慢呼吸这个工具了。每当你注意到你的杏仁体对某种情境反应过度，从而认为你处于致命危险中，而实际上你只不过面临一般生活挑战时，请使用这个工具。下次当你感受到极端情绪时，请练习缓慢呼吸 5 分钟，你会发现，你的身心在练习之后会平静下来。

同样，从 www.newharbinger.com/43768 下载工作表或使用你的日记本。在接下来的一周里，每当你感到焦虑或有压力时，就填写日志，然后进行 5 分钟的缓慢呼吸。

释放神经系统的压力

正如你之前读到的,当你的杏仁体认为你处于危险中时,它会激活你的交感神经系统(战斗—逃跑—静止),使你的肌肉自然收缩。紧绷的肌肉在面对外部威胁时,有助于保护你的重要器官,比如你的心脏、肺和肾脏。反之,当你的杏仁体确定你安全时,它会激活你的副交感神经系统(休息—消化),让你的肌肉放松。拉紧你的肌肉需要大量的氧气。为了生存,最好不要在没有逃跑或战斗的危险时浪费宝贵的能量去绷紧肌肉。当生活风平浪静的时候,放松你的肌肉会让你有更好的适应能力和更高的效率。

这些安全/危险的信号是双向传播的。紧张的肌肉向你的杏仁体发送你处于危险中的信号;而放松的肌肉则向你的杏仁体发出你是安全的、现在没有外部威胁的信号。这种双向信息交换的方式为你学习如何通过放松肌肉、根据需要激活你的副交感神经系统提供了机会。

渐进式肌肉放松:神经系统的压力阀

渐进式肌肉放松是另一种简单的练习,可以用来让你的神经系统平静下来。渐进式肌肉放松需要以夸张的方式绷紧和放松你身体的所有肌肉。如果你的焦虑已经持续了一段时间,那么这很可能意味着你的身体非常熟悉长时间保持紧张状态,而你需要进行一些训练,学习如何调整以进入生理上的放松状态。通过以夸张的方式保持身体紧张，然后练习释放紧张，你的大脑将更容易注意到这两种状态带给你的不同感觉，从而当你最需要缓解紧张情绪时，你的大脑能够根据你的需要放松肌肉。

📖 或 💻

练习 19：练习渐进式肌肉放松

有助于重塑你的大脑，以帮助缓解身体紧张。

所需时间：每天两次，早上一次，睡前一次，每次 5 分钟，持续一周。

绷紧你全身的肌肉 15 秒。攥紧你的拳头，绷紧你的脸，绷紧你的额头、眼睛和嘴巴；绷紧你的肩膀，看着它们向上抬起；绷紧你的胃；绷紧你的大腿，绷紧你的小腿，绷紧脚趾，并能觉察到它们蜷曲着。

现在，释放所有这些紧张。想象一下你是一个布娃娃或一份煮过头的意大利面。想象一下，你正在把紧张的肌肉中储存的所有多余能量甩掉，释放到宇宙中。也许你可以把头稍微左右转一转，或张开你的嘴，或甩开你的手。做任何可以让你感觉到自己在变化的活动：你正在把身体里所有的紧张释放到身体以外的世界去。

重复做三遍。

你在感觉相对平静时练习渐进式肌肉放松很重要。同样，在你感到有高压力时练习渐进式肌肉放松也很重要。此时，你可以从释放紧张中获益最多。从 http://www.newharbinger.com/43768 下载表格，记录下每一个你感到焦虑和有压力的时刻，然后练习渐进式肌肉放松。在1到10的范围内评估你练习前和练习后的焦虑程度。

你还可以使用日记本记录渐进式肌肉放松如何影响你的焦虑水平。

这些练习如何重塑你的大脑？

通过练习放慢呼吸和放松肌肉，你在向你的杏仁体发出信号，表明你是安全的。这相当于你给杏仁体的战斗—逃跑—静止模式踩了刹车。你的心率会慢下来，因为它不再需要给你的肌肉快速泵血。当你的大脑意识到你选择放弃罩在紧张的肌肉外面的盔甲时，它就断定此刻没有可能伤害你的威胁。

身体意识训练

你有没有过这种时候:你突然意识到此刻你正襟危坐,双臂紧紧交叉在胸前?或者你在紧咬牙关?与焦虑情绪作斗争的人往往只有在他们处于全压力模式的时候才会注意自己的身体。学习在你崩溃之前观察和注意你的身体是至关重要的。

你的身体不仅仅是焦虑情绪的储存器,除了感到不舒服外,它还在进行很多其他的活动。如果你定期去关注你的身体,它就不会觉得它只有通过大声尖叫才能引起你的注意。

练习 20:通过对身体扫描关注你的神经系统

有助于重塑有快速摆脱身体不适感的冲动的大脑。

所需时间:5 分钟。

花点时间扫描你的身体,寻找所有能引起你注意的感觉。从你的头顶开始,觉察你的头皮和前额是否有紧张感、刺痛感或沉重感。接下来,移到你的脸部、你的嘴、你的鼻子、你的额头,还有你的耳朵。注意你的肩膀,它是耸着的还是收紧的、放松的还是介于两者之间？接下来，感觉你的胸部是否可能存在沉重感或紧绷感。继续向下移动到你的胃部、你的胳膊、你的手；觉察你的腿接触椅子或者地面时的感觉；最后是你的脚。现在，请注意可能出现的任何你想改变或者摆脱当前感觉的冲动。你可能有想更放松或更不紧张的欲望，不过你不需要改变任何事情。你现在唯一的任务就是为你此时此刻的感受腾出空间。

在接下来的一周里，当你处于愉悦或不好不坏的情境时，当你感觉自己比较平静时，花点时间关注你的身体并做这个身体扫描练习。如果你觉察到任何的过度紧张，请花一分钟进行渐进式肌肉放松或缓慢呼吸练习。

这些练习如何重塑你的大脑？

通过将注意力转移到当下，你的大脑不再全神贯注于你强烈的情绪。你的前额叶皮层会向你的大脑发送信息：你不必陷入无益的想法或不舒服的身体感觉中。当你只是注意到自己的痛苦但并不采取任何措施来减

> 轻它时，你的杏仁体就会知道，强烈的情绪只是不舒服，但并不危险。将精力集中在更舒缓的感觉上，你的大脑就可以从杏仁体的警报和无益的想法中腾出一些空间，避免你陷入强烈的焦虑感和不适的情绪中而无法自拔。

切换你的思维频道

当你感到要处理的事情太困难时，这个时候就还不是坐在那里思考的好时机。在这些"棘手"时刻冒出的想法会对你的实际情况做出极端化和不准确的表述，这时自然就不是做出任何重大决定或重大改变的最佳时刻。此时的诀窍是学习如何把你的注意力放在对外界的关注上。你可以专注在天空、椅子或你的狗狗身上，甚至在一小块绒毛上。你关注什么都可以，只要你引导自己的注意力远离极端的想法和感受。

让你的大脑尽快专注于当下，可以使你从极端的情绪反应中缓冲一会儿。以下是我们与青少年合作时开发的最佳策略，可用于帮助他们从马拉松式不间断的"悲观与厄运"思维频道切换到"此时此刻"的频道。

- **调动你的五种感官**

  环顾四周,用五种感官中的每一种描述至少一件你注意到的事物。例如:我**看到**窗外有一棵美丽的大树;我**听到**可能来自空调的嗡嗡声;我**尝到**成熟的香蕉的甜味;我**闻到** T 恤上洗衣粉的味道;当我的手臂触摸到沙发布时,我**感到**了它柔软的质地。

- **改变你的温度**

  要改变你的温度,你可以拿个冰盒,洗个热水澡或冷水澡;你可以到外面感受一下冷风或暖风吹在你的皮肤上、雨滴落在你的脸上;你可以喝一杯冷饮或热饮。

- **改变你的身体姿势**

  当你刚出现紧张焦虑的感觉时,改变身体的姿势总是有帮助的。例如:当你感到很大的压力时你正蜷缩地坐着,那你就可以站起来,并尽力伸展你的手臂;如果你心神不定地踱来踱去,那就让自己坐下来;如果你正躲在被子里,那就站起来,做十个分腿跳。

- **改变你的感受**

  放下你手里的东西,抚摸你的狗或猫;或者给自己身上擦乳液，感受你的皮肤如何从干燥变滋润；或者玩橡皮泥和其他可用以解压的玩具。

- **改变你闻到、尝到或听到的东西**

为了唤醒你的嗅觉，你可以抹点儿薰衣草精油或你喜欢的香水，或擦有诱人味道的润唇膏或乳液。通过嚼薄荷、口香糖或小糖果，给自己带来愉悦的口味。为了改变你正关注的声音，你可以创建一个"改变我的思维频道"的播放列表。

我们建议你使用这些策略中的一种或多种组合，直到你认为"棘手"的想法或感觉减少了为止。办法非常多，欢迎你添加适合自己的。

与我们合作的一些青少年发现，在手机中创建便笺，列出自己的三大情绪调节策略很有帮助——犹如利用减速带帮助他们慢下来一样。你以什么形式在你的生活中选择和放置情绪减速带并不重要，重要的是，当你的前额叶皮层处于离线状态而你的杏仁体在操纵一切时，你能获得外部提醒让自己减速。

关键要点

你现在知道如何使用工具来帮助你调节极端情绪对你的影响。当你身体的每一个细胞都被唤醒并准备好战斗、逃跑或静止时，转换开关并激活你的副交感神经系统（休息—消化）几乎是不可能的。但请记住，仅仅感觉几乎不可能并不意味着真的不可能。当你运用学到的情绪调节工具时，你面临的主要挑战是：强烈的情绪瞬间席卷而来，当你的杏仁体掌管一切时，你几乎没有时间或者不足以清醒到踩下你的情绪刹车。定期做这些练习可以帮助你做到这一点，并能更好地缓解你强烈焦虑的情绪和身体不适感。

第八章

"该做就做"

山姆和诺亚都选了心理学大学预修课。第一天上课时，教授讲述了教学大纲的内容，并告诉全班同学，这门课只有几个星期会有作业，他们这门课的成绩将主要取决于他们最终所做项目的成绩。

在听到课程作业的要求及截止日期后，山姆松了一口气。他知道这学期他会很忙，因为他还有其他几门不容易学的课程以及他最近开始的兼职工作。他很高兴他能够为这门课调整自己的节奏，因为一开始不会有很多功课要做。在这个学期的头两个月里，山姆把心理学项目的事情丢在了脑后，直到课上教授请每个学生简要汇报一下各自项目的进展情况。当轮到山姆讲的时候，他只能结结巴巴地说出几句。从那之后，他开始有些恐慌，他明白自己得抓紧时间做项目了。他思索着怎样才能按时完成这个项目。他计划在接下来的六周里每周都在这个项目上花几个小时，以保证在截止日期之前完成它。那天晚上，在学校学习了漫长的一天之后，他又做了四个小时的兼职工作，然后他开始思考应该如何启动他的项目。他顿时思绪万千，他开始回顾所有还没有回答的问题、尚待完成的工作以及完成这项工作所需的时间，但他很快就感到筋疲力尽，却还是没能为开始做项目整理出个头绪。他决定先上床睡个好觉，等到明天再重整旗鼓。这样的模式持续了几个星期，山姆感觉自己不可能完成这个项目了。这学期已经过了一半，他的项目还没有取得任何进展。他不知道该如何摆脱这样一团糟的困境，所以他决定退课以避免得个不及格的成绩。

当诺亚听到这门课大部分作业的期限是在学期末时，他也感到如释重负，但同时他隐隐约约感到一丝担心。他知道，要想在项目截止期临近的时候避免感到绝望和手忙脚乱，他应该平时就在这个项目上每次做一点儿，积少成多。要想在整个学期中都能坚持这样做下去，则需要高度的自律。诺亚很清楚自己有拖延的倾向，所以他试图把这个项目作为一个用于重塑大脑的机会，使自己的大脑变得更善于"该做就做"，而不是推迟任何自己感到太困难和有压力的事情。为了打破他的旧习惯，建立更有效的新习惯，他决定和学生服务中心的学习专家进行交流。他们一起制订了详细的计划，找出项目的所有要素，还制作了他应该在何时完成每个部分的时间表。他意识到，制订一个可靠的计划只是赢得这场战役的一小部分，仍然需要具体完成每项工作。他注意到他的大脑会按旧思维不时地嘲弄他："你还有的是时间。""你现在马上做这个工作太累了，先休息一下吧。你可以以后再做。"这是一场拉锯战，虽然有时他会回到拖延的方式，但其他的时候，他都能遵守计划并增强新发掘的"该做就做"的能力。他不能否认事情在发生变化，尽管他的大脑充满了抗议和抱怨，但推进事情往前进展正变得越来越容易。他身体的每个细胞都想放松一下，或者看个剧或者睡个觉，所以他需要努力聚集自己所有的心力才能集中一个小时的注意力。他意识到自己现在有两种选择：他可以继续前进，也可以休息一下。区别是他不再处于被动状态，即一旦他感到有压力或不知所措，就会立即进入回避模式。

毫无疑问，你对这个故事的寓意非常熟悉。当生活令人不知所措或产生焦虑时，人们会非常自然地想要拖延和回避任何令人不舒服的事情。你可能不太了解的是，拖延是焦虑的"最佳搭档"。焦虑导致你想要拖延，然后拖延导致你感到更加焦虑。一圈又一圈，你感到自己陷入无休止的恐惧和逃避的循环中。但好消息是你可以重塑大脑，以获得更强的"该做就做"的能力。就像诺亚那样，你的大脑会减少拖延和逃避，敢于直面具有挑战性的任务！你会为拥有这样的大脑而自豪。

- 当面对课程项目的压力和拖延的欲望时，山姆和诺亚的处理方式有什么不同？
- 当你感到不知所措、压力很大的时候，你会如何应对这些状况？你更像山姆还是诺亚？

常见的回避和拖延策略

查看一下这份常见的回避和拖延策略列表,有许多与我们合作的青少年都在使用它。当你感到被困和不知所措时,你最常做下面哪些事情?

- 完成压力较小、优先级较低的任务,例如清洁或整理物品;
- 在脑子里回顾所有使你陷入困境的原因以及你的处境是多么令人绝望;
- 做与完美主义相关的行为,试图避免犯任何错误;
- 进行寻求安慰的行为,试图从他人那里获得关于"一切都会好起来"的保证;
- 用药物或酒精自我疗愈;
- 限制食物摄入或暴饮暴食;
- 睡过头;
- 过度依赖科技产品来分散自己的注意力;
- 努力控制和规划生活的方方面面;
- 指责或生别人的气;
- 列出清单,强迫审查和分析你后续需要采取哪些步骤。

拖延和回避的圈套

正如你可能意识到的那样,拖延和回避的冲动是难以抗拒的。减少痛苦并最大化舒适感是一种强烈的驱动力,它根植于所有动物的大脑中,也包括人类。尽量减少不适感是生存本能。把手从热炉子上移开不是一个好主意吗?当然是!

不幸的是,当涉及情绪痛苦时,避免不适感的策略会适得其反并导致更多痛苦。你用来让自己远离不适感的行为会强化你的大脑,使其相信你处于危险之中。否则你为什么要逃避?正如你现在已经知道的那样,当你的杏仁体确定你有危险时,它就会发出警报,而你会经历更多的焦虑。所以,如果你想感觉少一点焦虑,就应停止拖延,不断向前推进。

你在生活的巨大压力下不断前行的能力是由大脑神经回路控制的。正像所有的肌肉群一样,大脑神经回路可以经过训练得到加强。通过反复练习并不断向前迈出下一步,而不是静止不动或逃跑,你会重塑你的大脑,让你看到自己有能力和有韧性,而不是无力和脆弱的。

"该做就做"的大脑回路

当你收缩"该做就做"的"心智肌肉"并向前越过巨大的压力

障碍时,你大脑的一个特定区域——背侧前扣带皮层——就会被激发。背侧前扣带皮层是前额叶皮层网络的一部分,它与大脑的其他结构(包括你的杏仁体)相连接,以获取有关你所处情境的信息,并帮助你的身体采取适当的行动。

有关脑部扫描的研究告诉我们,那些不经常使用"该做就做"的大脑回路的拖延者,往往有更大的杏仁体,而且杏仁体和背侧前扣带皮层之间的连接也较弱。这意味着他们可能会感到更加焦虑,过度关注他们在完成任务时感到的不适感。如果你不激活你的"该做就做"的大脑回路,那么越来越多的情境会被你的杏仁体标记为危险,从而导致你产生更多的焦虑想法和感受。研究还告诉我们,那些长期拖延的人更容易感到精力不足、缺乏自信和出现抑郁症状。不锻炼你的"该做就做"的大脑回路,焦虑和回避的循环就会持续下去,你可能最终会发现,连那些你过去能够胜任甚至享受的情境你都逃避了。

你的大脑处于"该做就做"模式

幸运的是,拖延的人并非注定会长期陷于拖延中。由于神经的可塑性,你可以重塑你的大脑,使杏仁体、前额叶皮层和背侧前扣带皮层之间的连接更强。研究表明,这些连接越强,你越能够"该做就做"——做出推断、计划,并组织方法去应对令你不知所措和备感压力的情境。一旦你开始持续激活你的"该做就做"的大脑回路，你就会开始意识到完成任务比你想象的要容易得多。很快，快速摆脱不堪重负的感觉并开始投入工作将成为你的第二天性。

被你的思想挟持

与我们合作的青少年在讨论到他们似乎无法完成"简单"的任务和生活中的要求时，经常会表现出羞愧感和绝望感。例如，在最近的一次讨论中，诺亚提到他需要换一本驾照。但每当他想到那些烦琐的手续，他就感到不知所措，他会立即通过玩手机来麻木自己，试图让自己分心从而冷静下来。诺亚随后表示，他因自己"无法应对生活"而感到沮丧和自我厌恶。他会对自己不能完成这些基本的工作而感到困惑和恼怒。他对自己说："这根本就不算什么难事。我这是怎么了？我居然连更换驾照这些事都做不好？作为一个成年人，我该怎么做？照这样下去，我最终会无家可归的。"

当我们进一步交谈时，我们发现了那些增强诺亚的压力和焦虑感的潜在信念。我们尝试了一个练习，让诺亚思考更换驾照这件事片刻，然后留心观察脑海中立即浮现的一连串想法。诺亚觉察到，在他的脑海中，获得新驾照的任务是多么复杂和可怕。在短短一分钟的时间里，诺亚的脑海中产生了下面这些想法：

· 如果我申请驾照时没能提供所有正确的信息，从而必须再找时间重新回去办，那该如何是好？
- 如果我必须再次参加笔试该怎么办？
- 这太烦人了。
- 生活太艰难了。
- 我至少需要花半天的时间来做这件事，可我还有那么多工作要做，我哪里有闲工夫干这个？
- 如果我在几个月前就关注这个事，我就不会现在搞得一团糟了。
- 一定是我有问题，我什么事都做不对。
- 如果别人知道我真的一团糟，他们永远都不会愿意和我做朋友了。
- 我真可怜，我没有生活能力。

所有这些蚕食着他内心平静的想法都浮现了出来，如此迅速，他甚至都不知道他的恐惧感之下是什么，他只知道这是他想竭力回避的任务。

完成这个练习后，诺亚能够让自己放松了。他开始明白，他拖延的倾向不是因为无能和懒惰，而是因为他的大脑总是试图避免被消极想法轰炸的不适感。

导致拖延和回避的常见思维错误

焦虑思维有灾难化的（假设最坏的情况会发生）、僵化的（相信只有一种方法看待状况）和狭窄的（专注于细节而不是大局）倾向。事实上，研究表明，具有拖延倾向的人会经常陷入焦虑思维模式，伴随着高度的情绪困扰和由于害怕犯错而不敢前行。

如果你产生一种灾难化的想法，认为即将到来的挑战是危险的，你就在不断增加你的情绪痛苦：

痛苦＝挑战本身带来的痛苦＋对挑战的灾难化反应。

是的，生活中有许多任务都可能令人感到不舒服、不愉快、很无聊，但它们很少像灾难化反应预测的那么困难和痛苦。

这些常见的思维陷阱会让你不知所措或因恐惧而崩溃。觉察你的灾难化想法，而不是立即接受它们，这是转换思路和更准确地查看状况的第一步。

全做或全不做的想法

花点时间想象一下你对下述情况的情绪反应：如果你不得不把卧室地板上的衣服分类，把干净的衣服收起来，把一大堆脏衣服洗干净。

接下来，想象一下你对下述情况的情绪反应：今晚你不得不回家扫地、吸尘、擦拭所有物品的表面，并收拾、整理每个房间。

哪个任务让你感觉更崩溃？哪个任务让你更强烈地想要回避？

倾向于拖延和回避的人通常认为，让自己感到进步的唯一方法是完成整个任务。如果你有全做或全不做的思维倾向，你可能很难容忍仅完成部分任务。当你的头脑查看需要完成的任务时，它不会为你提供可管理且适度的任务；相反，它会查看整个任务表的所有元素和子元素，对任务的所有细节一丝不漏。在生活中，如果对每个任务的每个细节都锱铢必较，那么有谁不会因此而精疲力竭和感到崩溃呢？

完美主义

花点时间想象一下你对下述情况的情绪反应：你必须写一篇包含三段文字的文章，题目是："如果你可以实现一个愿望，那个愿望是什么？"在这个场景下，这个作业唯一的结果是，你将更多地了解你自己以及你希望自己的生活是什么样的。

接下来，想象一下你对下述情况的情绪反应：你必须写同样的文章，但这一次，文章的好坏将决定你上一所好大学、找到一份好工作、过上好日子；或者上一所糟糕的大学、找到一份糟糕的工作、过上糟糕的生活。

哪个任务让你感觉更艰巨？你更想回避哪个任务？

担心出错会影响你的未来，可能会让你感觉自己像走在没有安全网保护的钢丝上。如果你有完美主义的想法，你可能会认为任何失误都可能导致灾难的发生。当我们的穴居祖先将蛇误认为树枝，或将有毒的浆果误认为健康的食物时，这种思维模式就能派上用场，因为他们可能会面临灾难性的后果。但在现代生活中，这种对犯错的极度恐惧往往会导致对出错后的危险性和负面结果做出不准确的分析。"不完美就完蛋"的思维模式会导致你畏手畏脚、裹足不前。

无法容忍不确定性

花点时间想象一下你对两个不同挑战的情绪反应。第一个挑战是在向导的带领下穿过迷宫，他不断地鼓励你前行，告诉你只要不断将一只脚放在另一只脚前面，其余的都会自行解决。

第二个挑战是在走迷宫的时候，向导告诉你，在采取任何步骤之前，你需要了解迷宫的整体布局并清楚迷宫的每个转角会带你去哪里。

哪个任务让你感觉更艰巨？你会更强烈地想要逃避哪个任务？

如果你无法容忍不确定性，你会觉得你需要在行动前知道并了解所有状况。因此，当生活看上去不明朗时，你常常会感到不知所措，并倾向于强迫性地检查和分析，而不是边做边学。如果你总是需要在了解情况将如何发展后才愿意冒险采取下一步行动，那么你几乎没有可能不断进步以实现你的目标。

从"回避做"到"该做就做"的思想转变

你无法改变你的大脑有时会过度热心地运用焦虑思维模式来确定你是安全的还是处于危险中,但你能改变的是你如何回应这些想法。要么你把这种想法当真并相信它们是准确的,要么你可以在第三章中介绍的正念练习的基础上,遵循以下步骤:

1. 当焦虑思维模式出现时注意观察;
2. 质疑由令人焦虑的想法所带来的不准确的评估;
3. 摆脱令人焦虑的想法并将注意力带回到当下。

📔 或 💻

练习21:观察和摆脱令人焦虑的想法

有助于重塑陷入过度思考的大脑。

所需时间:每天5到10分钟,持续一周。

你可以使用你的日记本来完成这个练习或从 http://www.newharbinger.com/43768 下载表格,并可看到一个完整示例。

一周内，练习觉察自己何时有拖延的冲动。首先，写下你想回避的任务；接下来，在 1 到 10 的范围内评估你的焦虑水平；写下所有浮现出的焦虑想法；最后，写下你大脑所犯的思维错误。

当你整个星期都这样做练习时，请尝试觉察你大脑中出现的任何思维模式。人们往往会有特定的想法和特定的思考类型，它们会经常和定期出现。你是否注意到哪些特定的想法会比其他想法更常涌现？如果有，把它们写下来并在日后密切关注它们。

对于你写下的每个内容，都花一些时间提出更现实的解释。想象一下，你是一名律师，正在向法官和陪审团提出你的案件，你的论点必须基于事实。哪些陈述会被纳入法庭记录？在某个项目上没有取得 A 的成绩是否是一个充足的证据，证明你在生活中永远不会成功？

在你练习挑战你焦虑的想法并对目前状况提供一个更平衡的评估之后，再对你目前的焦虑程度进行一次评估。

> **这个练习将如何重塑你的大脑？**
>
> 重塑你的大脑，使之进入"该做就做"的思维，这需要艰苦的工作，需要终身练习观察并质疑常常冒出来的令人焦虑的想法。通过练习，你可以加强大脑中的连接，这将帮助你更好地觉察到这些自动出现的令人焦虑的想法，以及用更有帮助和更现实的想法来质疑它们，帮助你不断向前推进。你会发现，当你的杏仁体不那么在意焦虑的想法，而是更好地把握来自前额叶皮层的有帮助和理性的想法时，"该做就做"就会更容易。

加强你"该做就做"的大脑回路

除了在出现焦虑性思维错误时质疑你的大脑外，进行有针对性的心理加强训练也很关键，这可加强你的"该做就做"的大脑回路。要重塑你的大脑以获得更强大的"该做就做"的大脑回路，你需要：（1）评估你的基准机能；（2）制订一个计划，确定做哪些练习、何时练习；（3）如果你遇到障碍无法完成练习，那就找出障碍并相应地修改你的计划。

练习 22a：你现在在哪里？

有助于重塑你的大脑，为你想要的生活确立目标。

所需时间：10 分钟。

你可以使用你的日记本或从 http://www.newharbinger.com/43768 下载工作表（其中附有完整示例）。

思考你的价值观——对你来说最重要的生活领域——在 1 到 10 的范围内评估每一个领域的重要性。接下来，思考你实际愿意投入这些领域的时间和精力，并评估你在过去一个月里已经完成多少，同样用 1 到 10 来评估。对你来说，重要的事情和你正在完成的事情之间可能存在差距，该差距充满了焦虑、压力和恐惧。如果你觉得在生活最重要的领域被卡住了，就为自己确定一两个具体的目标。

练习22b：创建主要任务列表

有助于重塑被太多待办事项淹没的大脑。

所需时间：10分钟。

同样，你可以使用你的日记本或从http://www.newharbinger.com/43768下载表格。

根据你在上一个练习中确定的目标，创建主要任务列表，以存储和组织待办事项。对于每个项目，确定其优先级（低、中、高）以及你需要多长时间（短、中、长）。当新任务出现时，持续更新此列表。

注意不要让你的待办事项列表成为另一个拖延策略。有许多与我们合作的青少年创建了长长的清单，上面包含所有他们需要完成的任务，并想知道为什么这种方法对他们不起作用。将项目放在没有确定日期和时间的待办事项列表中，并不比完全忽略任务更有帮助。事实上，它甚至是有害的，因为它会欺骗大脑，

> 使其相信它正在完成一些事情，并创造一种短期的解脱感——但实际上没有产生任何进展。在本章的后面，你将练习转换你的任务清单，使它变成一个清晰的、明确的每周计划。

为成功做好准备

就像力量训练计划一样，慢慢地开始重塑大脑以便为成功做好准备是至关重要的。如果你多年来没做过任何手臂力量锻炼，而你一去健身房就尝试卧推一百磅的重量，那么你在此过程中要么没有进展，要么会弄伤自己。加强你的"该做就做"的大脑回路也是如此。如果你最近把大部分时间都花在拖延上，那么明天你不太可能准备好进入不间断的行动模式。为自己制造一个小小的胜利，而不是让自己再次经历挫败，可能会对你更有益。

制定智能日程表

我们应该预先计划需要完成的工作的优先级别和时间表。创建你需要完成的每项任务的确切时间表至关重要。我们推荐你使用日历系统——无论是纸质计划表还是你手机上的功能——你可以在其中将每项任务添加为约会，如果你使用手机，则可以设置提醒功能。通过这样做，你可以增强自己完成任务的责任感，它还迫使你思考完成任务需要多长时间，而不是不切实际地低估或高估所需要的时间。

加强你的"该做就做"的大脑回路还需要另一项技能：学习如何为自己设定清晰的、可实现、明确的目标。例如，与其告诉自己"今晚要完成作业"，不如为自己分配更具体的任务：从晚上八点到十点阅读和概括两篇论文。在第一种情况下，你无法判断自己何时实现了目标。你可以花好几个小时做作业，但仍然感觉自己做得还不够。

为了最大限度地提高你完成自我分配任务的可能性，计划在什么时候、什么地点和花多长时间完成一项任务会非常有帮助。

确定工作时间

想想你的自然节奏。有些人是夜猫子，他们发现自己晚上会处于专注力的最高点；另一些他人则在早晨最专心。对你来说，一天中的什么时候你最容易进行严谨的思考？什么时候最有创意？什么时候你的体力最强？什么时候你的社交能力最佳？

接下来，想想你下周需要完成的任务。根据你的自然节奏，哪些任务更适合你早上做、下午做、晚上做？

因为运动的物体会一直在运动,所以尽量让自己早点起床开始工作,以便能在一天中早些完成任务,即使你是一个夜猫子。你越早激活"该做就做"的心理肌肉,你就越有可能更好地在一天中保持不断前进的势头。

确定工作地点

你的大脑天生就可以接收环境中的各种感官刺激——这就是你学会应对周围的人和事并与它们进行互动的方式。但是,某些刺激可能很容易分散你的注意力,或者它们很容易干扰你完成工作。研究表明,凌乱的工作空间会让你更难专注于任务,但你可以创造一个让你成功的空间。让自己与积极进取、不断完成自己工作的人在一起,也会对你非常有帮助,因为研究指出了通过观察向他人学习的重要性。

下面这些可以快速做出的改变有助于你重塑大脑,使大脑可以在更少分心和更有效的模式下运行:

- 将手机放在房间外面;
- 退出容易使你沉迷的应用程序和网站;
- 在开始工作之前穿戴整齐(而不是穿着睡衣完成你的工作);
- 在图书馆或你最喜欢的咖啡馆里工作,周围的人都在专心工作;
- 天气好的时候在户外工作。

确定工作时长

问问别人，听听他们完成某项任务估计需要花多长时间，这样做是很有帮助的；如果你是一个完美主义者，那就会更有帮助。想象一下，你每晚要花一个小时来标注参考书目，而当你询问你的老师后，他告诉你这不应该超过十五分钟，并教给你一些有用的窍门，你就可以更快速地完成任务。

有些任务需要更多的脑力，比如写论文，很难连续工作一个多小时而不休息、不调整。另一些任务可能不太烧脑，但体力消耗很大，例如修剪草坪或晾衣服。尽可能在脑力消耗和体力消耗的任务之间取得平衡。

一定要积极休息，例如站起来喝口水、来一个短时快走或者做十个开合跳和五个瑜伽舒展动作，但不要又拿起你的手机或使用其他电子产品。很多人一旦开始工作就很难停下来，但是不间断的工作强化了"要么全做，要么不做"的想法，也会让人精疲力竭，它会让你重新投入工作的时候压力更大，因为你的大脑会对需要完成的工作有不切实际的期望。

练习22c：创建每周"该做就做"的大脑训练计划

有助于重塑你的大脑，从而帮助你规划好时间以完成工作。

所需时间：一周内完成。

根据你在上一个练习中创建的任务列表，现在创建你下周要完成的工作的时间表。

- 查看你标记为高优先级和需要在短时间内完成的任务。
- 打开你喜欢使用的日历（纸质或电子的）。
- 在接下来的7天里，抽出大块时间来完成这些任务。在本计划的第一周，尝试每天花一到两个小时来完成这些任务。
- 在你过完一天时，如果你有还未完成的任务，在新的一天重新安排它。
- 将每项任务视为你与自己的重要约会并坚持下去。

这些练习如何重塑你的大脑？

理清你现在所处的状态，确定实现你的目标所需完成的任务的优先级，你就是在用理性和建设性的思维激活你的前额叶皮层。你那堆积如山的"待办事项"通常会使你的杏仁体处于惊慌失措的状况，但现在它们不再使你感到无法逾越。当你开始着手做计划和确定任务的优先级时，即使你觉得不可能完成这些任务，担心导致的不适也感会开始缓解。一旦你开始持续激活你的"该做就做"的大脑回路，你就会意识到不断推进任务变得容易多了。你的前额叶皮层的理性思维会通知你的杏仁体：这份看似庞大的待办事项清单并非是不可能完成的、有威胁的、危险的以至于需要逃避。随着你的杏仁体有更多的经验面对不适感、和你的前额叶皮层建立更多的连接，你能更频繁地锻炼你的"该做就做"的肌肉，它们也就会变得更强壮。你的杏仁体很快就会变得更容易快速摆脱焦虑情绪，并开始着手工作。

常见的障碍

当你遇到障碍从而无法完成生活任务时，一定要确认是什么障碍让你感到很难克服，并相应地修改你的计划。不要自暴自弃。与我们合作的青少年发现，最常见的障碍包括：(1)缺乏专注和投入；(2)你的任务和价值观之间关系不明确；(3)做的过程会让人觉得枯燥乏味。

缺乏专注和投入

如果你迷失在丛林中，只专注于一棵树不会有帮助。相反，让你的大脑尽可能多地获取有关潜在威胁的信息，评估危险是潜伏在你的左侧还是在你的右侧，来自你的上方还是下方，这会使你的大脑更有效地工作。但是，当你很安全、很自在，只是在尝试做一个学校项目时，这种扫描和审查新信息的方式将会是低效和令人沮丧的。

当你那焦虑的大脑把你拉进这么多不同的方向，并指出你需要完成的所有即将到来的工作时，你可能很难专注于处理手头工作。这种扫描性的心理状态经常导致人们进入任务切换行为。所谓任务切换，是指你决定开始一个项目的工作时，又产生另一个想法，比如还有别的更重要的事情是我应该努力去做的。当听到这个想法时，你会停止当前任务，并开始处理另一项任务。在切换任务后不久,"我正在做错误的事情"的想法又会浮现,你相信了这个想法,结果导致你又启动了一个新的任务。你就这样转来转去,启动了许多任务,但是最终几乎没有一个任务完成了。

通过采用关注承诺的方式,你可以重塑你的大脑,持续推进以完成你手头的任务。关注承诺只需要你决定你要做什么,并戴上你的心理聚焦护镜,然后专注于完成你分配给自己的任务。这需要你练习容忍但不屈服于这样的想法:做其他事情能更好地利用你的时间。

你的任务和价值观之间关系不明确

当事情变得艰难并且你想退出时,请利用你强大的价值观推动你前进。研究告诉我们,从事符合我们价值观的任务时,我们更有动力。当你感到有动力并且可以确定你的价值观在推动一项任务时,你的大脑就获得了健康剂量的多巴胺,多巴胺来自前额叶皮层的奖励和激励中心。一项研究发现:那些有更强动力完成任务的人拥有更高的多巴胺水平,与那些倾向于拖拖拉拉地完成任务的人形成鲜明对比。价值观有助于增强动力的另一种方式是通过增加大脑的灵活性,克服旧有的抗拒和回避模式。研究表明价值观还有一个好处:当你按照自己的价值观行事时,它可以帮助你在生活中感到更满意,而不只是感觉不那么焦虑。

想象一下，明天早上你需要四点钟起床，提着重物，经过一个小时的车程，排了个长队，被陌生人严厉地问了一系列问题，然后又坐等了两个小时。你觉得自己有多少积极性想参加这一系列行动？

接下来想象一下，你需要四点钟起床并赶到机场，开始你的梦想之旅。你会有多大动力想参加这些相同的行动？如果你不是试图去某个对你很重要的地方，凭什么你想四点钟起床、跑去机场、处理旅行中的各种麻烦？

当你忘记了完成待办事项列表将如何帮助你实现人生目标时，处理这些任务就会让你感到毫无意义并且浪费精力。如果你不在乎身材和健康，你为什么要早起、去健身房锻炼身体、去户外跑步？因为它一定是值得你这么做的，你才会使用有限的能量去完成一项任务；否则，你完全有理由拖延或回避。

所以，花点时间提醒自己什么对你是最重要的，你想过什么样的生活。这个练习类似于你在本书中完成的第一个练习，在那个练习里，你提示自己在哪里不会感到焦虑。现在，你要提示你的大脑思考：对你来说，生活的意义是什么，是什么值得你忍受日常生活中的各种困难。

练习 23：有价值的生活对你意味着什么？

有助于重塑难以看到机会和令人激动的未来的大脑。

所需时间：10—15 分钟。

在回答这些问题时，不要想太多，只需注意那些自然冒出来的想法。

- 你希望你的生活是什么样的？
- 哪些活动能让你感到快乐、充满活力和使命感？
- 哪些活动让你感到空虚和不安？
- 如果你可以打个响指就让所有的焦虑消失，那么你会参与什么活动？你会如何打发你的时间？完美的一天会是什么样的？

既然你已经促使自己思考什么对你来说是最重要的，那么当你在努力的过程中遇到困难、想要回避和拖延的时候，让我们以此愿景来推动你不断前行。

> 使用你的日记本或从 http://www.newharbinger.com/43768 下载工作表，写下你在每周"该做就做"计划中已经分配给自己却最终没能完成的任务清单。在第二栏里提醒自己完成任务的重要性。在第三栏里写下它如何帮助你过上符合你价值观的生活。你可以回看练习 22a 的内容，提醒自己对你最重要的生活领域和具体目标是什么。

做的过程会让人觉得枯燥乏味

当你朝着一个长期目标努力时，你的大脑会用大量让你感觉良好的多巴胺来奖励你取得的进步。多巴胺的任务是鼓励你采取行动，以便取得好的结果或避免坏的结果。当你为了达成一个大目标而执行所需的子任务时，你的大脑很容易忽视这些微小的行为与你的生活优先级的联系。当你的大脑忽略你需要完成的任务与你的价值观之间的联系时，你会无法获得多巴胺和它带给你的激励。

你可以重塑你的大脑来奖励自己不断获得多巴胺：完成你每周"该做就做"的任务小竞赛！每次当你完成一项任务，取得"胜利"的时候，你的大脑就会获得正向增强，然后多巴胺就会源源不断地产生。

练习24：把完成任务游戏化

有助于重塑喜欢竞争并在完成工作时获得快乐的大脑。

所需时间：一周内完成。

让完成任务成为一个游戏而不是拖延的对象。在"该做就做"和"拖延回避"两个团队中设置比赛。使用你的日记本（或白板、手机、计算机），把两个团队放在表格两侧，在中间画一条线。每次当你通过与拖延的冲动作斗争而完成一项任务时，就给"该做就做"队加一分。每次当你屈服于逃避的冲动时，就给"拖延回避"队加一分。在一周结束的时候，计算两队的积分并确定谁赢了。还要考虑比赛结果的接近程度，以及你从对手那里学到了什么。开发一两个你将在下周应用的新策略，以增加你获胜的概率。

奖励你自己

知道自己最终可以从完成任务的长期过程中受益,这会不断激励你。奖励你想要的东西也会不断激励你。短期的奖励使工作变得甜蜜,并使完成任务的工作不那么乏味,更令人愉快。

想想你最近做过的工作(保姆、家务等)。是什么促使你做这些工作?如果你知道你会得到报酬(即使数量不多),你有多大可能会去做?大多数人需要获得一些报酬才会有动力,尤其在完成艰巨的任务时。

当你获得一份工作报酬时,就会有一个明确的奖励结构。你可以按小时或按任务获得报酬。不管怎么安排,在你开始工作之前,你就知道如何获得报酬。那么,你怎么"支付"自己完成每周的"该做就做"计划中的项目?我们建议你给自己完成的每项任务设定一个积分。以下练习将帮助你做出计划。

练习 25:奖励自己

有助于重塑经过艰苦工作后充满期待的大脑。

1. 来一场头脑风暴,集思广益,列出一份你的梦想奖励清单。你是否想过去看你最喜欢的乐队表演却没有钱买票？把它放在清单里。你想升级你的手机以获得更新的版本吗？也把它放到清单里。不要让现实阻碍你的清单。你要敢于梦想！

2. 对于每一项内容，你来决定需要多少"该做就做"的积分去获取它。例如，一个青少年把赢得一双梦寐以求的运动鞋放在他的奖励清单上，并要求用250积分来获得它们。

3. 接下来，与你信赖的家庭成员交谈，看看他们是否可以在这次任务中赞助你。也许他们很乐意把钱放进你的存钱罐里，帮助你获得对辛勤工作的报酬。

4. 决定你将如何跟踪积分的进展情况。例如，我们认识的一些青少年在图表上记录他们的积分，他们把图表贴在家里的冰箱上，以提醒家人注意他们正在取得的进展。其他人在笔记本中跟踪他们的积分进展，或在手机中创建跟踪笔记。此外，还有大量出色的应用程序可用于跟踪所需的习惯和健康行为。你如何选择跟踪你的积分情况并不重要，重要的是你去做了。

5. 不要只想着以锻炼出"该做就做"的肌肉作为你的奖励；只要你获得足够的积分，就真的好好犒劳自己吧！

这些练习如何重塑你的大脑？

为了帮助激励你，你的大脑需要有益的提醒来告诉你为什么你需要持续地努力工作和不断前行，而不去管你的杏仁体所发出的无益的、令人崩溃的信息。这也是为什么有时你需要奖励自己的辛勤工作（无论是用"该做就做"积分还是用其他特别款待自己的方式）。这些提醒和奖励帮助你的前额叶皮层看到更大的愿景，并意识到它实际上想要完成任务，即使当时可能感觉很糟糕。你提醒自己所看重的价值观和即时奖励的次数越多，你的多巴胺水平就越高，你的动力就越大，你的前额叶皮层就越能将注意力从恐慌转移到你的重要目标上。

关键要点

加强你的"该做就做"的肌肉就像加强任何其他肌肉一样，需要频繁的、重复的、持续的练习。同时，在肌肉逐渐增长的过程中，如果没有"疼痛"，就无法获得"增长"。你很快就会发现，越过大脑的阻力变得越来越容易。一旦你的大脑明白你是动真格的，它就会安静下来并保存能量，用于一场它实际上可以获胜的战斗。你做得越多，你就越容易做到更多。

第九章

建立自信

高中生的正式舞会快到了，凯蒂和斯蒂芬妮为此一起逛街置办服装。两人之前都没有参加过正式舞会，因此心里都没有底。当她们的眼睛扫过一排排衣服时，凯蒂选择了许多她认为穿起来会很有趣的衣服。她选的衣服有长款的，也有短款的；有些非常时尚，有些则很经典。斯蒂芬妮则完全执着于她认为有着"安全"风格的服装，也就是她在社交媒体上花费大量时间浏览高年级女生参加舞会时穿的服装。

在更衣室里，凯蒂试穿第一件衣服时忍不住大笑起来。看起来好土，她评论道。然后，她拍了一张照片，准备留着以后和朋友们一起用来开心搞笑。她又试穿了其他的衣服，最后选了一条浅蓝色的连衣裙。这条裙子很紧身，穿起来没有那么舒服，但她穿上这条裙子感觉很自信，觉得自己看起来很棒。

与此同时，斯蒂芬妮则几乎要哭了。每次她试穿一条连衣裙时，都会想象其他人看她的样子，这让她不知所措。他们会不会觉得她看起来太性感，抑或不够性感？她看起来是不是挺傻的？是不是挺土的？如果更受欢迎的人选择了相同的裙子怎么办？最终，斯蒂芬妮选择了一条裙子，但她太执着于猜测其他人会如何评价她的裙子，以至于她都不确定自己是否喜欢这条裙子。舞会开始前的每一天，她都在担心自己在那个重要的夜晚会是什么样子，以及她是否做了正确的选择。

斯蒂芬妮倾向于通过别人的眼睛来看待自己的经历，这个习惯削弱了她的自信心。她不是在为自己做事，而是一直试图预测别人会如何评价她所做的。相反，凯蒂更多关注自己的欲求，结果这不仅让她自己感觉更自信，也让她在别人眼中很自信——这反而赢得人们更多的尊重。

换位思考和大脑

你的大脑有一种神奇的换位思考能力——也就是说，通过别人的眼睛看待事物的能力。同理心，也就是换位思考和理解他人情感的能力，通常是帮助我们建立有意义的关系和友谊的重要能力。在你的大脑中，同理心会激活伏隔核和前额叶皮层的一部分，这些区域与奖励和思维技能相关。换位思考能力是一种思维技能。研究还发现，你的前额叶皮层部分跟你大脑的中颞叶和顶叶所在的区域连接得越紧密，你就越能同理和理解社交互动。

大脑中的另一个区域在理解他人的痛苦时起到了重要作用。镜像神经元位于大脑中负责运动的区域，当你为他人感到不安时会被激活。你的镜像神经元会模仿他人的行为和情绪，这就是为什么你似乎能感受到他人此刻的痛苦。

一点告诫：有时，经历太多他人的痛苦会降低你自己的思维清晰度和自信心。研究表明，被他人的情绪压得喘不过气来会降低你的同理心。你可能会更加专注于自己的痛苦，从而错过可以加强人际关系的重要的社交线索。

练习26：冻结（或至少冷却）社交媒体

有助于重塑沉迷于他人观点的大脑。

所需时间：在数周或数月内完成。

多年来，我们注意到，越来越多的青少年来找我们，对我们说他们无法停止思考他人如何看待他们。这可能是由于他们越来越多地使用社交媒体，在那里可以随时看到别人（看似完美的）生活中源源不断的图像，以及别人对你发的图像的即时反馈（例如喜欢或双击发送"爱心"）。当这些青少年减少使用社交媒体时——或者更好的是，完全停用一段时间——他们的信心往往会上升，他们的焦虑也会一路下降。

让我们听听艾莉的故事，她是与我们合作过的青少年之一。艾莉上高中四年级时曾和克里斯约会了五个月；然后克里斯提出分手，结束了他们的关系。艾莉悲痛欲绝，感到自己"被甩了"。她对和克里斯在一起的生活充满怀念，每天查看克里斯的社交媒体，最终发现他有了一个新女友。艾莉会盯着他们两人的照片，试图了解那个女孩有哪点比她强。她每天不断把自己和克里斯的新女友做比较，并想象着如果哪天和他们撞上了，不知道他们会如何看自己。有一天，艾莉登录后看到了一张让她差点晕过去的照片：克里斯和女友在他们曾经徒步旅行过的山顶上互相拥抱，喜气洋洋。克里斯的姨妈对这张照片发表了评论："我太太太激动了！！！"艾莉的心沉到谷底。发生了什么？看起来确实像是他们有什么特大喜讯！艾莉心想，我如果像他女友那么可爱就好了……她感到越来越焦虑和不安。

一年后，艾莉通过朋友得知，克里斯和他的女友早就分手了，就在那张照片拍完两周后。在徒步旅行期间他们显然发生了很大的冲突。艾莉惊呆了：那张照片看起来就像克里斯和他的前女友马上就要结婚了。那张照片曾一直深深地困扰着艾莉：当她不断将自己与那看似完美的恋人进行比较时,她的自信心越来越少。如果她自己从来没看到过那张照片会怎么样?

从那时起,艾莉多次"冻结"社交媒体,彻底停止查看社交媒体。她发现,这样做之后,生活变得容易多了。她几乎不用去考虑他人的想法,她的信心增加了,焦虑减少了。不过"冻结"社交媒体是非常困难的,登录账号的感觉几乎就像成瘾行为一样。那么,采取冻结行动(即完全不让自己登录社交媒体账号)或至少让你冷却使用(即限制使用,例如屏蔽那些让你感到特别焦虑的人)的关键步骤是什么?

首先,在你的日记本上写下对下面这些问题的答案,以确定你的计划:

- 我想暂时停止使用哪些社交媒体账号?
- 我是冻结还是冷却使用?

（我们强烈建议你选择冻结,因为我们发现,一旦登录社交媒体,就几乎没有人有避开某些内容的毅力。）

- 如果我要冻结，我是要停止使用我的账号还是只是不登录？

  （有些人选择停用，至少是暂时的；大多数社交媒体网站会允许你随时重新激活账号。有些人会保留他们的账户，但不登录。如果你选择第二个方法，我们强烈建议你从尽可能多的电子设备中删除那些app，以免受到诱惑。）

- 我的停止期会持续多久？

  （有些人因为正在处理诸如分手这样特别具有挑战性的事情而计划只停用几周；另一些人则会停用一年。作为开始，我们建议先停用三个月。这就像上瘾一样，在最初的一段时间里你会非常渴望登录。然而，这个阶段会过去的。大多数青少年反馈说，当他们后来重新回到社交媒体时，他们觉得社交媒体实际上很无聊。你也能做到这一点，但需要跨越"渴望"阶段后才可能做到。）

试着找一个朋友和你一起实施冻结（或冷却）社交媒体的行动。如果你需要对他人负有责任，这会让你的行动更容易实施，而且我们的青少年通常反馈说，与朋友讨论这种经历也是很有趣的。或者，你也可以让朋友或家人知道你的目标，并不时地向他们报告你的进展。

无论你决定采用哪种方法，请记住：一定要设立明确的目标。在你的日历里写下你冻结或冷却结束的日期，然后走出去享受社交媒体之外的生活！我敢打赌，一旦你这样做了，你就会感觉好多了！

这个练习如何重塑你的大脑？

人类天生就能够从视觉上接收大部分信息。你的大脑每小时处理数以万计的视觉信息。大脑接收的感官信息主要是视觉信息。事实上，一项研究发现，你对所见和所感信息的记忆比你对所闻信息的记忆强很多。社交情境下的视觉信息会保存在你的长期记忆里，并会触发你的情绪。

研究表明,当青少年看到自己和他人的照片被大量点赞的时候,他们大脑中的视觉皮层和奖励区域就会被激活。当被点赞的社交情境和视觉图片充斥你的大脑时,你的大脑开始将你的社交生活与网上这些不切实际的图像进行比较。你评估自己、你的社交生活、你的友谊(仅举几个例子),然后开始觉得你在社会金字塔中的地位要低于你真实的地位。当你通过那些视觉图片越来越多地给自己打低分时,你的信心就可能开始瓦解。大多数人忘记了自己应该做真实性检验:那些视觉图像都是经过过滤和修饰的,都是人们选择的自己最好的照片来和世界分享。

☞ 在 1 到 10 的范围内,评估你愿意从社交媒体中抽离一段时间的优先级。

练习 27：坚持自我

有助于重塑在他人面前容易感觉不安全的大脑。

当我们浏览社交媒体时，我们很容易通过他人的眼睛看世界。那么，当我们真正和其他人出去玩的时候呢？我们是否会非常担心不如别人以至于感到不安？我们看到许多青少年容易坠入的陷阱之一是，他们觉得自己在同龄人眼中不够好从而进行自我贬低。自我贬低可以是很明显的行为，比如宣称自己做的、喜欢的或感受到的事情都是愚蠢的；也可以是更隐蔽的形式，比如总是认同其他人而不发表自己的意见。不过，好消息是，即使你没有信心，而只是装作自信，那也很可能为你带来更多的尊重——并且随着时间的推移，你会真的感到更加自信。

为了给这个练习热身，请你回想一下上次你在其他人面前感到不安的时刻。你有哪些行为贬低了自己？例如，你是否立即同意别人说的话？你试图为自己道歉？你向朋友寻求用以消除你疑虑的保证？

现在，请你思考出另一种方法，使你能在那个时刻坚持自我。如果你曾经同意他人所说的一切，那么你可以想出一个你自己的观点并表达出来。如果你因曾经给朋友们发了太多的短信而向他们道歉，那么你可以试着想象自己根本不用道歉，而是转换话题。如果你在派对上穿的衣服并没有那么糟糕，那么你可以想象自己自信地告诉朋友你喜欢自己衣服的某个优点。不管是什么，花点时间真正想象一下，如果你能回到过去改变一件事情，你将如何坚持自我。

　　现在，你一定要每天在现实生活中练习坚持自我。可能是过去你通常会道歉的时候，现在你则拒绝道歉；或是通常你保持沉默的时候，现在你则发表自己的观点。

　　一开始你可能会觉得很别扭，但如果你每天都这样做，我们保证这会变得越来越自然。其他人会开始认为你很自信，他们就不太会贬低你。你可能心里已经知道这一点，即自信的人会得到他人的尊重。但你可能还没有意识到的是，即使你只是装作自信，也能赢得更多的尊重。

这个练习如何重塑你的大脑？

关于脑成像的研究发现，对自己的正面评价会激活大脑前额叶皮层的一些区域和大脑的奖励通路。你越让自己表现得自信，越多地练习冒险，你的大脑就越能体验到自信带来的积极感受。通过增强这种连接，随着时间的推移，你的大脑会学习到：表现得自信会让你自我感觉良好。你的大脑有时会混淆想象中的事情和实际发生的事情之间的差异，所以，如果你想象并练习自信的表现，它就会储存这些记忆，从而增强你处理实际事物的信心。

☞ 在 1 到 10 的范围内，评估你在人群中练习坚持自我的优先级。

关键要点

越少用别人的眼光看待自己的生活，我们就会越自信。做到这一点的一个好方法是：冻结或冷却社交媒体，减少社交媒体对你的影响。另一个方法是：通过坚持自我而在别人面前表现出自信，即使你当时并没有感到很自信。随着时间的推移，你会越来越有自信。有时你不得不假装有信心，直到你真正获得信心。

第十章

巩固成果

与我们合作的两位青少年史蒂夫和蒂姆都同样学到了我们在本书中教给你的战胜焦虑的技能。当他们和我们合作并完成学习后，他们的生活并不会变得完美或没有压力（正如我们已经讨论过的，痛苦是生活的自然组成部分！），但与刚开始学习时相比，他们的焦虑要低很多。他俩都描述了相同的感受，比如对于曾经给他们带来压力的具有挑战性的情境，他们那"重塑"后的大脑反应没有那么紧张了；当焦虑和压力确实出现时，他们有工具来驾驭困难的情绪并控制焦虑。

事实上，史蒂夫的感觉非常好，以至于随着时间的推移他不再去想他学到的技能。相比通过积极的练习继续重塑他的大脑，他只是过着自己的日子，享受着他目前较低的焦虑感。这在最初的四个月里运作良好，直到史蒂夫要参加一场大型网球比赛的时刻来临。突然，他的焦虑程度飙升。他开始忙乱地尝试挑战消极想法、做正念练习，并使用我们教给他的其他工具。但正如几个月都未训练的网球运动员在高压的比赛中很难有巅峰表现一样，史蒂夫有好几个月都没有训练他的大脑，他在压力大的情况下紧急使用曾经学过的工具，这个难度是不是太有挑战性了？这些工具会有一定的帮助，但不会像史蒂夫一直坚持大脑重塑训练并保持良好心理状态的帮助那么大。

与此同时，蒂姆在我们的正式课程结束后，一直持续地进行大脑重塑练习并且坚持了很久。他列出了自己最喜欢的技法，并坚持每天至少使用一个，即使只是面对一个小的消极倾向，他也会使用积极的替代解释来应对。他还练习与焦虑共处，并提醒自己这种感觉只是暂时的，现在所经历的只是一场虚惊，不必像自己以前那样总想从不适感中迅速逃脱。每隔几个月，他就会复习并查看他学过的技能的完整列表，然后选择一些他想开始更频繁使用的技能。像史蒂夫一样，蒂姆也经历了极度焦虑的时刻，令他感到非常难受和崩溃。但与史蒂夫不同的是，蒂姆一直在运用他的技能——他的大脑被更好地重塑，因而可以更好地克服焦虑感——因此，消极情绪就不再那么强烈或持续那么久了。

这个终结故事说明了什么？对你来说可能很明显：保持对你的大脑进行重塑练习！我们经常告诉与我们合作的青少年：你不能洗一次澡就想着自己可以永远保持干净。相反，你需要每天洗澡（或者，你知道的哦，大多数时候如此）以保持清洁。同样，本书仅读一次也不会让你永远摆脱焦虑。你在刚读完本书的时候可能感觉不错，就像你刚洗完澡感觉自己很干净一样。但如果你想一直保持"干净"，那就全靠你自己了。在这最后一章，我们将引导你首先确认最能帮到你的重塑技能，然后制订出可用以帮助你使用这些技能的计划。

巩固成果和保养大脑

此时你可能会问：等一等，既然我已经花了这么多时间重塑我的大脑，为什么我还要坚持练习？我的大脑不是已经被重塑了吗？回到本书的开头，想一想我们谈到的神经细胞——你大脑的神奇性和可塑性。你现在已经学会了如何通过这个很酷的过程去重塑你的大脑，以便克服焦虑。现在，你必须面对"不用它就会失去它！"的现实。青少年的大脑正通过突触修剪的过程进行大施工。不重要的信息和连接会被你的大脑淘汰。通过不断练习新的重塑技能，你大脑中的这些神经通路得以加强，并向你的大脑发出信号：这是重要的连接线路，需要保留。事实上，大脑中被称为髓鞘形成的过程会增加神经通路中信号的速度和强度。有什么方法可以帮助髓鞘形成这些通路？练习，练习，再练习。重复练习这些新技能的次数和保持练习的质量，对于促进你大脑新通路中的髓鞘形成非常重要。

就像你学到的任何新技能一样，为了保持并做得更好，你必须不断练习，这同样适用于你重塑大脑。如果你没有一直坚持这些已经开始促进你重塑大脑的新习惯，你就需要花更长的时间让你的大脑熟悉和喜欢新的通路。你做的重塑练习越多，就越有助于你减少焦虑；这种连接变得越强，就越容易使你的大脑在未来使用这个神经通路。

我们认为如何巩固成果与实际上成果如何被巩固

当史蒂夫的网球比赛临近时,他的焦虑水平开始上升,他不仅因为感觉越来越焦虑而不舒服,而且发现,在与我们合作之前,他的焦虑程度从未这么高过,他感到很崩溃。一天晚上,他冲着妈妈尖叫:"一切都太糟糕了!我投入那么多时间学习重塑大脑的技能,结果一点用都没有……我又回到了原点。我将输掉网球比赛,我会永远焦虑!"

我们几乎可以向你保证,这种事会在某个时刻发生在你身上。一开始你会感觉挺不错的,然后生活又会触礁——就像生活本来的样子——你会确信你又回到了原点。这几乎会发生在与我们合作过的每个青少年身上,而且我们自己也都经历过。

然而,这实际上是一种心理错觉。为什么这么说呢?首先,看看大多数人如何想象巩固成果应该是什么样子的,如图1所示。

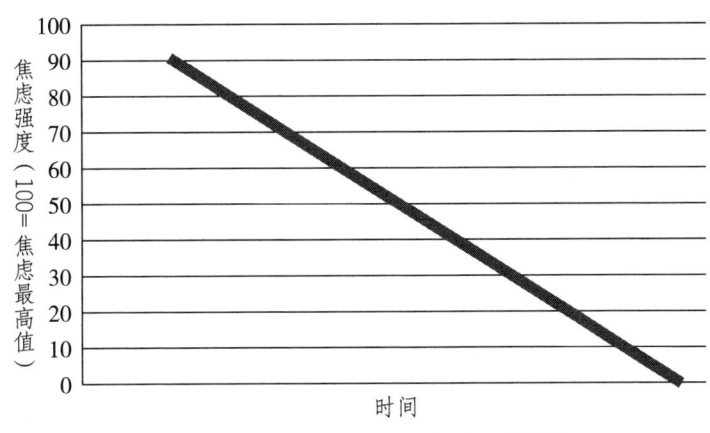

图 1 我们认为进步应该是这样的

图中纵轴的"0—100"是指你的焦虑强度，100代表你有生以来感到最焦虑的分数。横轴的"时间"代表你生命中的每一天。所以基本上，大多数人都认为，一旦他们学会了重塑大脑的技能，他们的焦虑水平应该每天都下降。

实际上，巩固后的成果看起来更像图2这样。

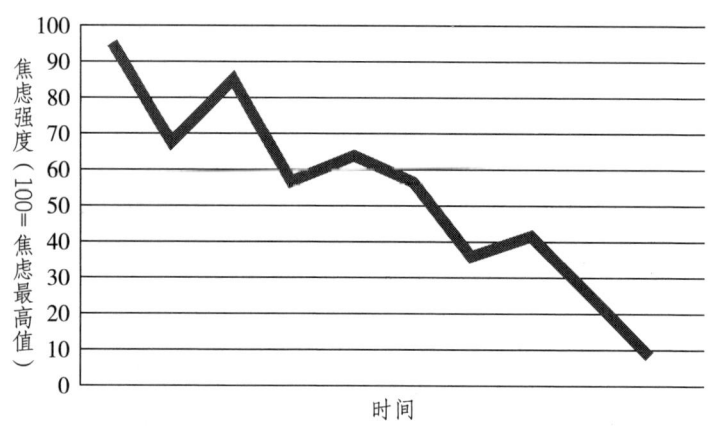

图2　实际成果经巩固后的效果

这张图来自我们实际治疗中的一位青少年，他第一次来找我们时，焦虑水平大约是95分。你会看到，随着时间的推移，他的焦虑程度总体呈下降趋势。例如，治疗后一个月，他的焦虑程度约为70分（满分为100分）。然后发生了一些事情，他要参加的一场比赛临近决赛时，他的焦虑水平开始再次飙升，达到85分左右。当时，这位青少年在我们的办公室里有点崩溃，他告诉我们，一切事情都"一如既往地糟糕",他"根本没有好转",而且他会"一直"焦虑下去。但是,你会注意到,他的焦虑水平并没有像以前那么高,而且当他坚持使用自己熟悉的重塑大脑的技能时,焦虑水平会再次大幅下降,甚至达到比以前更低的点。如你所见,他会继续面对充满挑战的时刻,但随着时间的推移,他的焦虑峰值会越来越低,而且峰值出现的次数越来越少、间隔时间越来越长。总的来说,他的焦虑水平降低了,尽管可能在每一天都出现一个峰值。

当你处于这些峰值之一时,你可能会像史蒂夫一样失去理性(和冷静),坚持认为你的焦虑水平和以往一样高,你没有取得任何真正的进步。正如一位青少年曾经告诉我们的那样,"如果你已经跑了十英里,你可不希望自己突然又回到一英里处"。这就是当焦虑飙升时你的感受。但是如果你随着时间的推移不断追踪你的症状,我敢和你打赌,你的焦虑峰值往往不会像过去那么高,并且你可以更快地从每个峰值中恢复过来。换句话说,你根本就没有"回到一英里处"。识别峰值的出现、跟踪有关进展的真实情况,对于不偏离轨道至关重要。

起起落落和大脑

你奇妙的大脑也喜欢通过做它最熟悉的事物让生活变得简单容

易些；它会想要重新走老路和拜访老习惯，也就是过去高度焦虑这个老朋友。你的大脑这么做是很正常的！你的大脑会经历颠簸的道路，在恐慌的时候，它有可能会回到曾经被信任的旧路径。请记住，焦虑的唯一目的是想保证我们的安全。当你持续重塑你的大脑以便让它不断了解误报时，你大脑内部的连接可能起效并进入保护模式。你新的重塑模式需要练习才能更强大，需要不断的经历才能让你的杏仁体相信这个新的连接。即使有了新学到的技能，也总会有让你感到焦虑的时候，生而为人的你注定会在生活中遇到新的、不确定的经历。但现在不是每一次新的经历都让你充满焦虑，因为你有了可用以重塑大脑的技能。

当你真的遇到一个颠簸时，这实际上是一个特别有用的时刻，可用以帮助你通过应用所学技能来增强对你的大脑的重塑。你在为大脑提供学习的机会。在这些时刻，你需要付出更多的努力来练习你的重塑技能，给予它们额外的关注和练习。通过使用新的重塑技能，现在你的大脑将有通过这个颠簸的经验，而不再用过去的、无用的途径了。

何时获得更多帮助

在我们开始创建你的个性化计划，帮助你在学完本书后可以持续克服焦虑之前，很重要的一点是，我们需要停下来思考一下：什么时候寻求本书以外的专业帮助会比较好？请记住，获得帮助不意味着软弱或失败。完全不是！我们坚信，每一个人都会在他们生命中的某个时刻受益于治疗（我们都受益过！），并且能够识别这些特定时刻是一个特别重要的技能，它会使你的生活轻松很多。想想看：如果你有轻微的喉咙痛，那么你当然可以尝试自己治疗。你可以吃健康的食物，并确保获得额外的睡眠。但是如果你的喉咙痛得特别厉害，变成链球菌感染，需要服用抗生素，那么你是继续尝试自己治疗，还是去看医生更合理？焦虑的情况与此相同。当它变得太严重时，在训练有素的专业人员的帮助下，你会恢复得更快。那么，有哪些表现说明你应该寻求治疗？

- 你已读完本书，但仍经历严重的焦虑。在 0 到 10 的范围内，10 代表最高级别的焦虑，"严重"是指你的分数一般都在 5 分以上。过度焦虑表现在你生活中的方式上，包括：你很难入睡、很难写作业、很难社交，或者总是感到闷闷不乐。无论是哪种方式，你都可以从寻求额外的帮助中受益。

- 也许你的焦虑如此强烈，以至于你很难开始阅读本书或做其中的许多练习。如果是这样，这将是接受治疗的好时机。一个受过训练的心理治疗师可以帮助你确定是什么阻碍了你的成长，并会鼓励你战胜焦虑。

- 你有伤害自己或他人的想法。如果发生这种情况，它并不说明你是个坏人。你也不要觉得羞耻，这只说明你遇到了困难，需要专业人员的关注和帮助。
- 你发现自己酗酒或吸毒（包括不是为了治疗目的而服用处方药物）以自我治疗或降低你的焦虑。

寻求帮助可能会让人感到不知所措，但通常这没有你想的那么困难。你可以首先告诉你在学校的护士或辅导员，你想寻找治疗焦虑或抑郁的心理咨询师，他们能帮助你联系心理咨询师。你也可以把本章给你父母看，并说明你想看心理咨询师，或者你可以通过互联网获得帮助。像 ADA（美国焦虑抑郁协会）这样的组织都拥有很好的资源，它们会提供有关焦虑治疗的心理咨询师名单（www.adaa.org）。

制订个性化计划以巩固你的成果

为了巩固你从本书中获得的成果，建立个性化的计划、使自己可以持续地进行重塑大脑的练习非常重要。在此，我们将制定一个简单的过程，来确定你最想持续练习的技能、知道何时使用这些技能，并安排了用于重塑大脑的"助推器"环节——顾名思义——为你重塑大脑提供助力，确保你在克服焦虑方面获得长期的成功。

第 1 步：确定你最看重的工具。

此步骤提供的帮助：制作一个简短的工具列表，从本书中选出你最想继续练习的内容。

你可能还记得，在许多练习结束时，你完成了一个像下面这样的评估量表：

☞ 在 1 到 10 的范围内，评估你想继续建立个人冥想练习的优先级。

现在，翻阅每一章并确定你评为最高优先级的工具。如果有两个或并列的，现在先只选一个，以后还会有机会再使用其他工具。

接下来，使用你的日记本列出你评分最高的工具。你可能会写几句话帮助自己记住如何使用该工具，记录下在本书中相应的页码，以便你将来可以找到并快速阅读更详细的内容。

瞧！你已经开始制定路线图来巩固你的成果了。

第 2 步：确定该使用每种工具时的标志。

此步骤提供的帮助：记住何时使用你的工具。

在每个工具旁边，写下一两个具体的标志，表明是时候使用这个工具了。例如，在你开始感到有惊恐发作的症状时，你觉得 3-3-3 正念练习可以特别有效地帮助你降低躯体的焦虑水平，你可能会写道:"当开始感到惊恐发作(如心跳加速或思维奔逸)时使用。"你写得越具体(包括心跳加速等警告信号),效果会越好。

识别什么时候该使用某个工具的标志有两个主要目的。首先,它为你提供了一个计划,以应对你生活中最容易唤起焦虑的情境。你拥有了可用以控制焦虑的强大策略,而不是进入压力事件后感到手足无措。其次,它提示你记得使用你的技能。如果你能让心跳加速成为自己使用 3-3-3 正念练习的标志,你就不会忘记练习这项技能。

与我们合作的许多青少年都说,在与焦虑进行持续抗争的过程中,记住使用他们的工具是最困难的部分之一。正如史蒂夫发现的那样,我们很容易进入大脑的自动驾驶模式,很难迫使自己持续重塑大脑,直到你最终面临非常严重的压力。为了避免这种命运,我们建议将这个工具列表和用于标明什么时候该使用的内容,放在你可以经常看到的地方——可能在你的梳妆台上、笔记本上或扫描进你的手机里。

第 3 步:安排助推时间段。

此步骤提供的帮助:为你持续与焦虑抗争加油助力。

在我们与青少年一对一合作的那段时间里,我们会在他们结束治疗的时候为他们安排在未来几个月里的助推时间段。在助推时间段,他们过来讨论自上次助推时间后他们的焦虑情况,回顾他们在治疗过程中所学工具的完整列表，并确定他们接下来想专注于哪些技能。

我们为你——我们的读者——推荐类似的方法。取出你的日历，并在三个月后的地方记下"助推时间段"。你也可以在本书中标注出本页码，以便你可以轻松找到操作说明，明白在助推时间你自己可以如何按照本书进行操作。

在助推时间段，坐下来想一想自己一直以来的焦虑程度。回顾本书的不同章节，有哪些方面你做得特别好？在哪些方面你还可以做更多的工作？

同样，查看你在第 1 步和第 2 步分别生成的工具列表和使用标志，回顾一下本书中的工具，你想对你的清单做任何改变吗？一般来说，你会想要保留任何继续对你有帮助的工具，或者你忘记了但需要优先考虑的工具。你可以删除对你没有帮助的工具，或者已经成为你的第二天性从而不再需要你腾出空间来提醒自己的工具。然后，添加本书中你想要在未来三个月中关注的任何新工具：也许是那些已经成为与你现在的生活密切相关的工具，或者你以前觉得太难但现在你觉得自己已经足以承受的工具。

完成后，记下三个月以后的另一个助推时间段。通过有规律的助推时间段，持续使用本书做自我检查，是巩固你成果的极佳的方法。

第 4 步：过你的生活，而不是过焦虑的生活。

恭喜你已经读完本书！无论你是尽心尽力地做每一个练习，还是只为了找到你最需要的工具而快速地浏览，你已经为重塑你的大脑和克服焦虑迈出了宝贵的步伐。我们希望你能花一些时间，使用你刚刚阅读的简单步骤来制订一个计划，帮助你保持最佳心理状态。不过，最重要的是，我们希望你享受走出去过自己生活的乐趣！

关键要点

进步不是一条直线，你达到了焦虑的顶点并不意味着你又回到了原点。为了保持你重塑大脑，找出本书中最能帮到你的工具，以及该使用它们时的标志；为自己安排一个数月后的助推时间段。

如果说我们想给你留下一条信息，那就是：焦虑不会必然掌管你的生活。不要屈服于恐惧，不要害怕犯错，尽力做与焦虑让你做的相反的事情。就在焦虑的另一面，你将拥有生活中最好的经历。你能行的，加油！

参考书目

Acevedo, B. P., E. N. Aron, A. Aron, M. D. Sangster, N. Collins, and L. L. Brown. 2014. "The Highly Sensitive Brain: An fMRI Study of Sensory Processing Sensitivity and Response to Others' Emotions." *Brain and Behavior* 4: 580–594.

Ahmed, S. P., A. Bittencourt-Hewitt, and C. L. Sebastian. 2015. "Neurocognitive Bases of Emotion Regulation Development in Adolescence." *Developmental Cognitive Neuroscience* 15: 11–25.

Banks, S. J., K. T. Eddy, M. Angstadt, P. J. Nathan, and K. L. Phan,. 2007. "Amygdala-Frontal Connectivity During Emotion Regulation." *Social Cognitive and Affective Neuroscience* 2: 303–312. doi: 10.1093/scan/nsm029.

Bengtsson, S. L., Z. Nagy, S. Skare, L. Forsman, H. Forssberg, and F. Ullén. 2005. "Extensive Piano Practicing Has Regionally Specific Effects on White Matter Development." *Nature Neuroscience* 8: 1148.

Bigelow, J., and A. Poremba. 2014. "Achilles' Ear? Inferior Human Short-Term and Recognition Memory in the Auditory Modality." *PloS One* 9: e89914.

Bramwell, K., and T. Richardson. 2018. "Improvements in Depression and Mental Health After Acceptance and Commitment Therapy Are Related to Changes in Defusion and Values-Based Action." *Journal of Contemporary Psychotherapy* 48: 9–14. doi:10.1007/s10879-017-9367-6.

Cheung, R. Y., and M. C. Ng. 2019. "Mindfulness and Symptoms of Depression and Anxiety: The Underlying Roles of Awareness, Acceptance, Impulse Control, and Emotion Regulation." *Mindfulness* 10: 1124–1135.

Clark, D. M., and A. Wells. 1997. "Cognitive Therapy for Anxiety Disorders." *Review of Psychiatry* 16: 1–9.

Cohen, N., D. S. Margulies, S. Ashkenazi, A. Schäfer, M. Taubert, A. Henik, A. Vilringer, and H. Okon-Singer. 2016. "Using Executive Control Training to Suppress Amygdala Reactivity to Aversive Information." *NeuroImage* 125: 1022–1031.

Davidson, R. J. 2002. "Anxiety and Affective Style: Role of Prefrontal Cortex and Amygdala." *Biological Psychiatry* 51: 68–80.

Etkin, A., T. Egner, and R. Kalisch. 2011. "Emotional Processing in Anterior Cingulate and Medial Prefrontal Cortex." *Trends in Cognitive Sciences* 15: 85–93. doi: 10.1016/j.tics.2010.11.004.

Gilboa-Schechtman, E., D. Erhard-Weiss, and P. Jeczemien. 2002. "Interpersonal Deficits Meet Cognitive Biases: Memory for Facial Expressions in Depressed and Anxious Men and Women." *Psychiatry Research* 113: 279–293.

Goldsmith, H. H., and K. S. Lemery. 2000. "Linking Temperamental Fearfulness and Anxiety Symptoms: A Behavior–Genetic Perspective." *Biological Psychiatry* 48: 1199–1209.

Hartline, D. K., and D. R. Colman. 2007. "Rapid Conduction and the Evolution of Giant Axons and Myelinated Fibers." *Current Biology* 17: R29–R35.

Hoyer, J., J. Čolić, G. Grübler, and A. T. Gloster. 2019. "Valued Living Before and After CBT." *Journal of Contemporary Psychotherapy*: 1–9. doi: 10.1007/s10879-019-09430-x.

Klimecki, O. M., S. Leiberg, M. Ricard, and T. Singer. 2013. "Differential Pattern of Functional Brain Plasticity After Compassion and Empathy Training." *Social Cognitive and Affective Neuroscience* 9(6): 873–879.

Kohn, N., S. B. Eickhoff, M. Scheller, A. R. Laird, P. T. Fox, and U. Habel. 2014. "Neural Network of Cognitive Emotion Regulation–An ALE Meta-Analysis and MACM Analysis." *NeuroImage* 87: 345–355.

Kral, T. R., B. S. Schuyler, J. A. Mumford, M. A. Rosenkranz, A. Lutz, and R. J. Davidson. 2018. "Impact of Short- and Long-Term Mindfulness Meditation Training on Amygdala Reactivity to Emotional Stimuli." *NeuroImage* 181: 301–313.

Neff, K. D., K. L. Kirkpatrick, and S. S. Rude. 2007. "Self-Compassion and Adaptive Psychological Functioning." *Journal of Research in Personality* 41: 139–154.

Pan, J., L. Zhan, C. Hu, J. Yang, C. Wang, L. Gu, et al. 2018. "Emotion Regulation and Complex Brain Networks: Association Between Expressive Suppression and Efficiency in the Fronto-Parietal Network and Default-Mode Network." *Frontiers in Human Neuroscience* 12: 70.

Pittman, C. M., and E. M. Karle. 2015. *Rewire Your Anxious Brain: How to Use the Neuroscience of Fear to End Anxiety, Panic, and Worry.* Oakland, CA: New Harbinger Publications.

Porges, S. W., J. A. Doussard-Roosevelt, and A. K. Maiti. 1994. "Vagal Tone and the Physiological Regulation of Emotion." *Monographs of the Society for Research in Child Development* 59: 167–186.

Raes, F. 2010. "Rumination and Worry as Mediators of the Relationship Between Self-Compassion and Depression and Anxiety." *Personality and Individual Differences* 48: 757–761.

Rauch, S. L., L. M. Shin, and C. I. Wright. 2003. "Neuroimaging Studies of Amygdala Function in Anxiety Disorders." *Annals of the New York Academy of Sciences* 985: 389–410.

Schlüter, C., C. Fraenz, M. Pinnow, P. Friedrich, O. Güntürkün, and E. Genç. 2018. "The Structural and Functional Signature of Action Control." *Psychological Science* 29: 1620–1630. doi: 10.1177/0956797618779380.

Scult, M. A., A. R. Knodt, J. R. Swartz, B. D. Brigidi, and A. R. Hariri. 2017. "Thinking and Feeling: Individual Differences in Habitual Emotion Regulation and Stress-Related Mood Are Associated with Prefrontal Executive Control." *Clinical Psychological Science* 5: 150–157. doi: 10.1177/2167702616654688.

Swain, J., K. Hancock, A. Dixon., S. Koo, and J. Bowman. 2013. "Acceptance and Commitment Therapy for Anxious Children and Adolescents: Study Protocol for a Randomized Controlled Trial." *Trials* 14: 140. doi:10.1186/1745-6215-14-140.

Treadway, M. T., J. W. Buckholtz, R. L. Cowan, N. D. Woodward, R. Li, M. S. Ansari, R. Baldwin, A. N. Schwartzman, R. M. Kessler, and D. H. Zald. 2012. "Dopaminergic Mechanisms of Individual Differences in Human Effort-Based Decision-Making." *Journal of Neuroscience* 32: 6170–6176.

Welford, M. 2010. "A Compassion-Focused Approach to Anxiety Disorders." *International Journal of Cognitive Therapy* 3: 124–140.

Williams, L. M., J. M. Gatt, P. R. Schofield, G. Olivieri, A. Peduto, and E. Gordon. 2009. "Negativity Bias' in Risk for Depression and Anxiety: Brain-Body Fear Circuitry Correlates, 5-HTT-LPR and Early Life Stress." *NeuroImage* 47: 804–814.

Wolgast, M., and L. G. Lundh. 2017. "Is Distraction an Adaptive or Maladaptive Strategy for Emotion Regulation? A Person-Oriented Approach." *Journal of Psychopathology and Behavioral Assessment* 39: 117–127.

Young, K. S., A. M. van der Velden, M. G. Craske, K. J. Pallesen, L. Fjorback, A. Roepstorff, and C. E. Parsons. 2018. "The Impact of Mindfulness-Based Interventions on Brain Activity: A Systematic Review of Functional Magnetic Resonance Imaging Studies." *Neuroscience and Biobehavioral Reviews* 84: 424–433.